圖解版

有趣到不想睡

不可思議的人體！

人体の不思議
面白い図解
眠れなくなるほど

讓醫學博士告訴你正確的人體知識與奧妙神奇之謎

醫學博士
荻野剛志 監修
Takashi Ogino

伊之文 譯

「甜點裝在另一個胃」
是真的！

一見鍾情是大腦出了錯
3個月後戀情就會冷卻

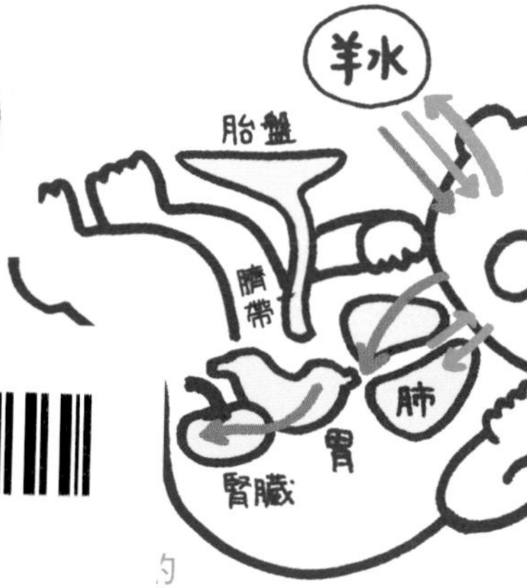

「假哭」高手？

智力高低和腦部大小
沒有關係？

晨星出版

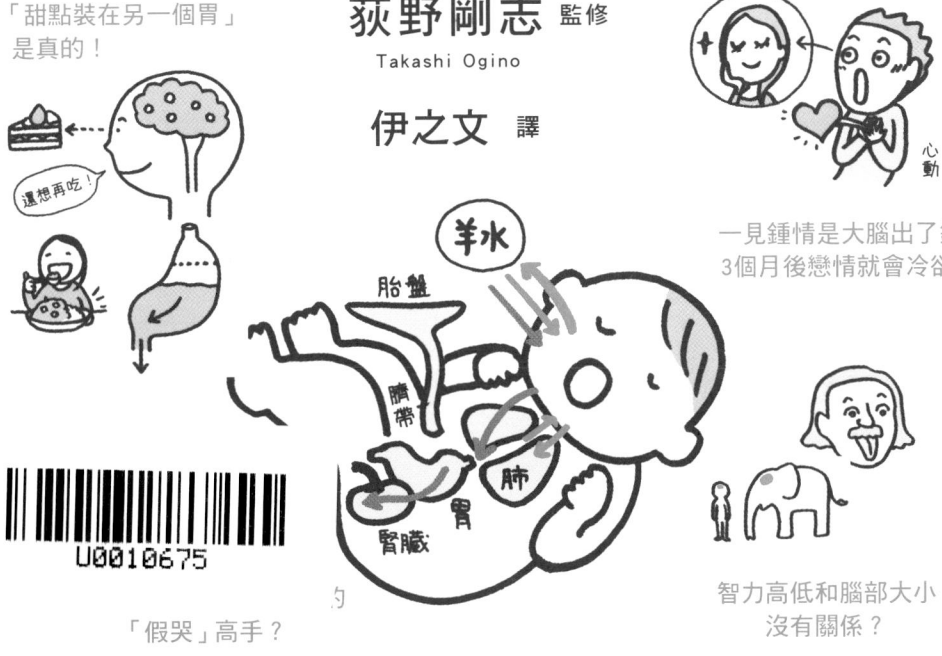

前言

根據國外某項研究表示，２００７年在日本出生的孩子，估計有一半能夠活過１００歲。隨著「人生１００年」的時代來臨，為了能夠活得健康又長壽，人們對生活保健越來越關心。

電視和網路上充斥著各種與健康有關的資訊，只要使用智慧型手機，就能輕易搜尋到專業知識。

然而，現況是這些健康資訊的內容五花八門，讓人們很難判斷其真實性，也不知道哪些才是真正有用（重要）的。為了找出「真正有用的情報」加以運用並維持自己的健康，我們是不是應該盡量先吸收一些正確的人體知識呢？

唯有擁有正確的知識，才不會把坊間流傳的保健知識照單全收或被它們牽著鼻子走，能夠判斷哪些才是真正有價值的資訊。

為了加深讀者對人體的了解，本書將用淺顯易懂的方式解說，並配合插圖來探討許多基本疑問，希望能夠刺激讀者對人體的求知欲，成為讓讀者們想要進一步探索其他知識的啟蒙書。此外，人體還有許多未解之謎與不可思議之處，非常神祕，若讀者在深入理解人體後，能夠感受到自己的身體和生命有多麼珍貴及無可取代，那將是我身為一介醫療人員最開心的事。

最後，對於有諸多不同說法的人體機制，本書在解說時將以最普遍的事實為主，並力求讓任何人都能輕易閱讀和理解。本書內容屬於一般科普，看在專家眼中可能並不充分，或是敘述不夠精準，希望各位讀者能理解這一點，並享受閱讀樂趣。

此外，我還要藉此機會，向協助監修的山村憲醫師和富永健司醫師致上最高的謝意。

監修者　醫學博士　荻野剛志

目次

第3章

維持生命，對人體的異常做出應變 循環與呼吸器官的奧祕

第4章

負責捕捉各種訊號 感覺器官的奧祕

第 1 章

大腦與神經的奧祕

掌管人體的資訊系統

1 大腦越重、皺摺越多就越聰明？

天才不是與生俱來的，幼年時期才是關鍵

若比較動物體重和大腦重量的關係，會發現越小型的動物，其大腦重量占體重的比例越大，而大型動物則是相反。**動物的大腦重量和體重的0．75次方成比例，這樣的定律稱為「尺度法」（Scaling）。**然而，這個動物界普遍的定律卻不適用於某種動物，那就是人類，**在動物界中，人類的大腦特別大。**

此外，以人類來說，愛因斯坦的大腦重量是1230公克，比一般成年男性的大腦（1350～1500公克）還要輕，因此有人認為大腦的重量與聰不聰明無關。但是，加州大學曾研究過「大腦重量與智商（IQ）的關係」，結果是兩者之間有些微相關，大腦越重的人智商越高，尤其大腦皮質中位於前額前區（Prefrontal area）與顳葉（Temporal lobe）的皮質越厚的人，智商也越高。

不過，進一步研究之後，發現有些人雖然擁有很厚的大腦皮質，但智商卻不高。因此，科學家認為，**智商高低並非取決於皮質厚度，而是取決於大腦在幼年時期成長了多少。**

有一件事證實了這個學說，那就是智商超過120的人，其大腦皮質的厚度在幼年時期（7～9歲）反而低於平均，在這之後直到13歲之前卻持續增厚。由此看來，針對幼年時期的教育熱潮很可能會再興起，但**我們仍然必須認知到，智商的數值並不涵蓋所有智慧，也並非萬能。**

以前經常有人說：「大腦的皺摺越多就越聰明。」但其實皺摺是在胎兒大腦發育的過程中形成的，一出生就已經定形，**長大後無論再怎麼學習，皺摺都不會變多。**

大腦重量和智商關係不大！
愛因斯坦的大腦重量低於平均值

來比較名人的大腦重量吧！

名人的大腦重量

愛因斯坦 1230 公克
（理論物理學家）

湯川秀樹 1390 公克
（日本首位諾貝爾獎得主）

南方熊楠 1260 公克
（日本博物學家）

康德 1650 公克
（近代哲學始祖）

成年人的大腦重量平均值

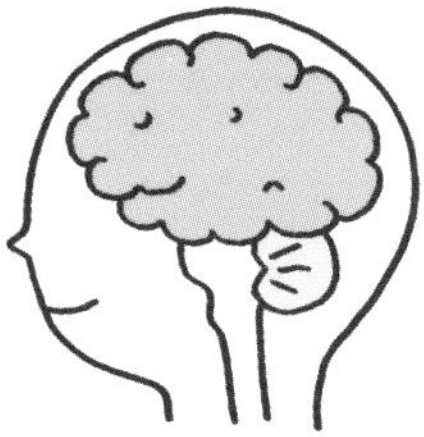

男性：1350 ～ 1500 公克
女性：1200 ～ 1300 公克

來看看動物的大腦重量吧！

人腦的重量是體重的 38 分之 1，大象則是 500 分之 1。

瓶鼻海豚	約 1600 公克
抹香鯨	約 8000 公克
大象	約 4400 公克

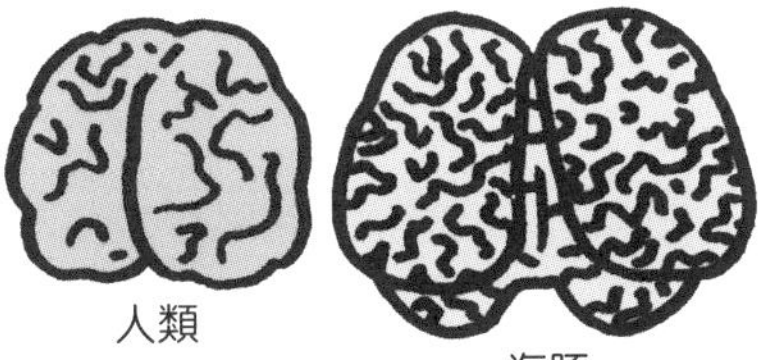

海豚的大腦皺摺比人類多

有個說法是，海豚的大腦皺摺會為了在水中發聲並接收回音而增加，但因為海豚的智商比不上人類，因此我們無法斷定「大腦皺摺多就比較聰明」。

IQ

日本人的 IQ 平均值
＝ 100

智商與頭腦好壞的關係

IQ 是用來表達智力水準與大腦發育程度的數值。若智商很高，就代表思考能力、處理事情的能力和記憶力都很發達，學習能力也很好。雖然人們認為幼年時期之前的學習能為智商打基礎，但智商的數值並不涵蓋所有的智慧。目前，智商指數被用來指導並支援智能障礙者學習。

2 靈魂出竅不是超自然現象?!

大腦有著奇妙的部位，會讓人靈魂出竅

「靈魂出竅」的現象自古流傳至今，傳說人死了之後靈魂就會脫離身體，從高處俯瞰平躺的軀體，但這實際上是不可能的事。然而，令人意外的是這種瀕死體驗並不少見，在心跳停止後撿回一命的人當中，有許多人都經歷過這種瀕死體驗，而且過程還相似得有點詭異，**其中特別常見的共通點包括上述的靈魂出竅、心靈平靜、有強光從遠方照過來，或是和來自異世界的人對話等等，充滿了謎團**。由於這種經驗一輩子大多只有一次，很難用科學驗證，所以被當作一種超自然現象。不過，即使不瀕臨生死關頭，也能夠體驗「靈魂出竅」的狀態。在實驗中，若對大腦直接予以電擊就會出現各種反應，例如若用電擊刺激大腦的運動皮質，手臂就會自己舉起來；若刺激視覺皮質，就會看見原本看不見的顏色等等。

在這項實驗中，若刺激受測者大腦中名叫「角腦迴」（Angular gyrus）的部位，受測者便會感覺意識飄浮在空中俯瞰橫躺著的自己，也就是體驗到靈魂出竅的感覺。

因此，**有人建立了一個假說：角腦迴可能會引發像夢境一般的幻覺。**

角腦迴是個和語言認知及聽覺資訊有關的部位，一般認為人類和動物在進化初期就已經發育出角腦迴。也就是說，它內建在大腦裡，是個可以用來看穿其他動物是敵是友的生存競爭武器。靈魂出竅對人類而言也是個能夠「檢視自身內在」的重要能力，據說很多頂尖運動員都具有這種超能力。

靈魂出竅是大腦中名叫「角腦迴」的部位活化所造成的！
頂尖運動員中有人擁有靈魂出竅的超能力

因「角腦迴」活化而引發

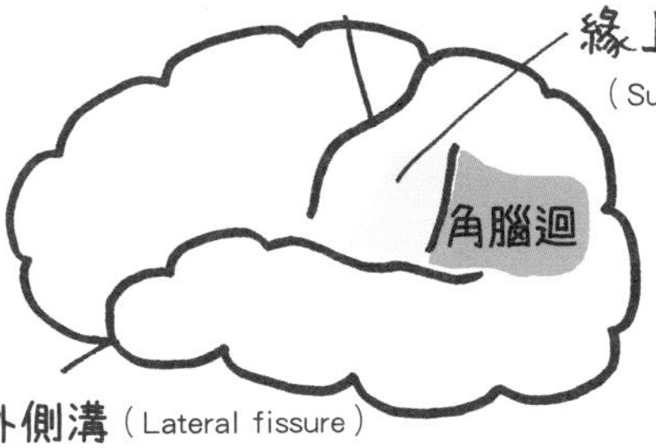

角腦迴

位於大腦頂葉（Parietal lobe）外側，負責處理語言認知等許多任務。

什麼是「靈魂出竅」？

「靈魂出竅」是指心或意識脫離肉體的現象。

頂尖運動員擁有的「靈魂出竅」能力

據說有好幾位頂尖運動員有過這種經驗，在運動時像是靈魂出竅似地從空中俯瞰自己，一專注起來就充滿了神奇的能量，因此得到好成績。

能夠不看日曆，瞬間答對年分、日期和星期幾

在特殊領域發揮天才能力的大腦

有智能障礙或發展障礙，但同時又能在特定領域展現超群能力，這種症狀稱為「學者症候群」（Savant syndrome）。例如有些人能過目不忘，或是聽到一段音樂就能馬上用鋼琴彈奏出來，擁有這種非常傑出的能力。

3 靠臨時抱佛腳學不起來是理所當然的！

不反覆學習，就無法形成長期記憶

我們每天都會看到、聽到、思考許多事物，但絕大部分都是過了一陣子就會忘記的。**我們可以根據記得一件事物的時間長短，把記憶區分為「短期記憶」和「長期記憶」。**

只能保持幾十秒到幾分鐘的記憶稱為「短期記憶」，能夠保持更久的記憶稱為「長期記憶」。

據說，人類在短期記憶中能夠一次記住7個意元[1]（Chunks，組集）的資訊。

記憶保持的時間比短期記憶更短，能夠將資訊暫存在大腦中並一邊操作的能力稱為**「工作記憶」（Working memory）**，它能記住的資訊比短期記憶更少，據說只有4個項目。

短期記憶會暫時儲存在大腦深處的「海馬迴」（Hippocampus），它會從眼睛和耳朵等感覺器官接收到的龐大資訊中，挑選出重要的傳送到大腦皮質。

不同種類的記憶會送到不同部位並成為長期記憶，例如牽涉到情感的資訊會送到杏仁核（Amygdala），和經驗有關的**「情節記憶」（Episodic memory）**會送到額葉，屬於知識類的**「語意記憶」（Semantic memory）**會送到顳葉，和身體動作有關的**「程序記憶」（Procedural memory）**則是送到小腦或基底核（Basal ganglia）。

形成長期記憶的過程包括①記憶②儲存③固定④想起，**藉由反覆學習，曾經儲存過一次的記憶就會固定下來，在受到刺激時就能回想起來。**

記憶要透過多次複習才會固定下來，只學一次很快就會忘記，臨時抱佛腳學不起來就是這個緣故。首先要好好睡個覺，讓記憶在大腦裡扎根。

反覆多次記憶，讓大腦判斷那是重要資訊，就會比較容易留存腦海。

譯註1：米勒（Miller）認為人類的短期記憶一次能記住大約7個項目，例如7個數字或7個字。

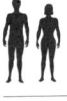

記憶分為短期記憶和長期記憶！
反覆記憶，重要的資訊就會在大腦中扎根

記憶的種類

- **長期記憶**
  - **陳述性記憶**
    - **語意記憶**：詞彙的意思等知識
    - **情節記憶**：經驗或回憶
  - **非陳述性記憶**
    - **程序記憶**：用身體記住的記憶
- **短期記憶**
  - 工作記憶

臨時抱佛腳所學到的東西絕大部分都只會形成短期記憶，很快就會忘記。

和記憶有關的大腦系統

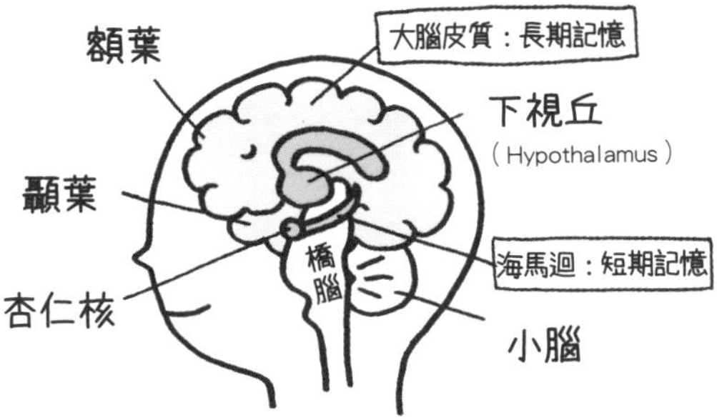

短期記憶會暫時儲存在大腦深處的「海馬迴」。海馬迴會從龐大資訊中選出重要的，並將它送往大腦皮質。

保存在海馬迴中且經過多次記憶的資訊，會被大腦判定為重要資訊，變成長期記憶。

工作記憶只是一時的筆記本

工作記憶是個把資訊暫時儲存在大腦裡並加以處理的能力，就像是大腦的記事本。舉例來說，當我們要打電話時，只能把電話號碼記住短短幾秒鐘，撥完電話就忘記了。「工作記憶」指的就是這種記憶期間很短的能力，其記憶容量非常小。

4 為什麼我們會做連自己都沒想像過的夢呢？

因為累積在大腦中的記憶和資訊被隨機取出

睡眠分為「身體睡著了，但大腦還醒著」的**「快速動眼睡眠」（Rapid eye movement sleep，REM Sleep）**，以及「大腦睡著了，但是感覺器官和肌肉還連結在一起」的**「非快速動眼睡眠」（Non-REM Sleep）**。在睡眠中，這兩者構成一組，以大約90分鐘為週期反覆輪流進行。快速動眼睡眠屬於較淺的睡眠，在這段睡眠期間內，人的眼球會在眼皮內側快速轉動，稱為「快速動眼運動」（Rapid eye movement，REM）。

這時，邊緣系統（Limbic system）中的海馬迴及杏仁核等和記憶有關的部位會進行大腦的維護作業，包括整理、統合資訊，並幫助記憶扎根。

整理記憶、修整神經細胞網路對大腦來說是非常重要的作業，但如果要在白天進行就相當耗費大腦容量，因此人類在進化過程中發展出快速動眼睡眠，藉此在睡眠時進行維護。**另一方面，非快速動眼睡眠則是深層的睡眠，大腦皮質的神經細胞不太活動，大腦整體的血流也很慢**，這時候，大腦處於休息狀態，卻會在這時分泌生長激素。

大腦在處理資訊和使記憶扎根時會整理過去累積起來的記憶和資訊，而夢境就是這過程中在腦中重現的知覺現象。然而，當海馬迴等和記憶有關的部位還清醒時，負責進行思考和判斷的前額前區卻睡著了，所以我們才會做沒有邏輯又荒唐無稽的夢。

一般認為我們會在快速動眼睡眠時做夢，但其實在非快速動眼睡眠時也會做夢。在快速動眼睡眠期因很淺眠，所以起床後大多能回想起夢境，但非快速動眼睡眠時所做的夢不會留下記憶。

夢境內容乍看之下很不合邏輯，但我們或許是因為有做夢，所以白天才能保持正常的意識做事。

會做夢是因為記憶在大腦整理資訊時重現了
夢境內容不合邏輯是海馬迴和前額前區搞的鬼

為什麼會做不合邏輯的夢？

快速動眼睡眠時大腦的狀態

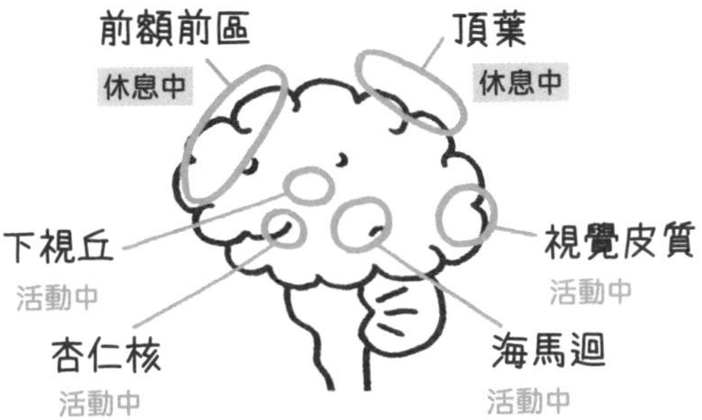

快速動眼睡眠時，海馬迴和杏仁核等與記憶有關的部位是清醒的，但負責下判斷的前額前區卻在睡覺。當保存在海馬迴中的記憶隨機出現，就形成了夢境。

夢境是大腦進行維護時所發生的重現現象

我們睡覺時，大腦會捨棄沒有意義的資訊，並且讓需要的資訊固定在腦海裡，而夢就是這時感知到的現象。

快速動眼睡眠和非快速動眼睡眠以 90 分鐘為週期輪流進行

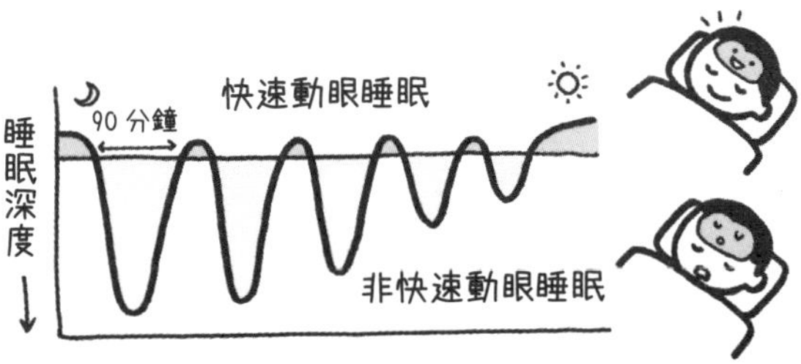

快速動眼睡眠（淺層睡眠）
- 大腦中和記憶有關的部位是清醒的。
- 身體在休息，但眼球卻快速轉動。

非快速動眼睡眠（深層睡眠）
- 大腦皮質睡著了。
- 分泌生長激素。

鬼壓床的恐懼感是杏仁核在快速動眼睡眠期間活化所造成的。

「鬼壓床」是睡眠時的幻覺

意識清醒，但身體卻動不了，就算想喊也喊不出聲音，感覺胸口有重物壓著，此現象俗稱「鬼壓床」，醫學上稱為「睡眠麻痺症」或「睡眠癱瘓症」。這是睡眠障礙的一種，會打亂睡眠節奏，是眼睛已經睜開，但身體還沒醒來所產生的幻覺。

5 為什麼只有人類會說話呢？

說話是用雙腳步行的人類特有的功能

如果要說話，就必須從肺部運來空氣並振動聲帶，再利用舌頭和嘴唇把空氣送出口腔。**人類是哺乳類中唯一能夠用嘴巴呼吸的動物，所以會說話。**

人類之所以能夠發出聲音並學會語言，都是拜雙腳步行之賜，**因為這樣子能讓「空氣經過的氣管」和「食物經過的食道」與地面垂直，並且連接在一起。**其他動物的氣管和食道呈現立體交叉並分開，能送出口外的空氣量不足以讓牠們說出複雜的語言。

人發聲時是用空氣振動聲帶，空氣再從咽頭進入口腔和鼻腔，產生共鳴並增大波動幅度。此外，每個人說話的音色都不同，是取決於聲道器官與舌頭的長度和形狀。

我們若把自己的聲音錄下來聽，往往會覺得聽起來和自己的聲音不一樣，而且總感覺彆扭，但錄下來的聲音才是別人耳中所聽到的你的真正聲音。

想聽到自己聲音的途徑有兩種，一種是「**氣導音**」，也就是嘴巴發出的聲音透過空氣傳導到兩耳的聲音，另一種則是由聲帶振動傳導到頭蓋骨的「**骨導音**」。你所聽到的自己的嗓音，其實是氣導音和骨導音合起來的聲音。

相較之下，別人聽到的聲音和錄下來的聲音只有氣導音，你之所以覺得錄音聽起來怪怪的，差別就在這裡。

人類是因學會了語言才得以和同伴溝通並傳達各種資訊，於是才有了現代的高階知識以及建立文化社會的基礎。

人類會說話是雙腳步行帶來的禮物！
食道和氣管連結，讓人類能夠用嘴巴呼吸

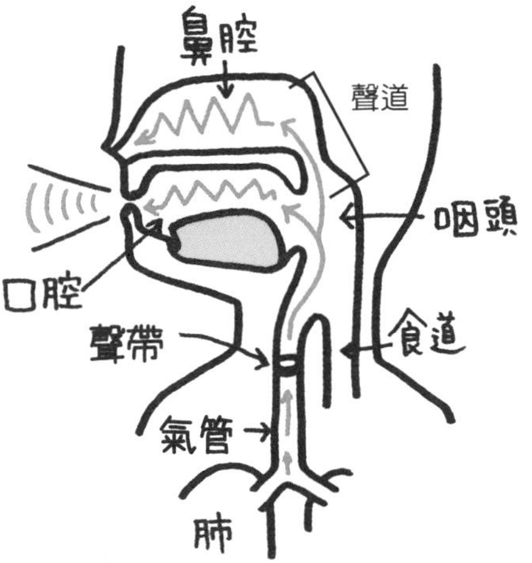

人類發聲的原理

聲帶 從肺送來的空氣使聲帶振動，發出像蜂鳴器般的聲音。

↓

聲道 蜂鳴聲在經過咽頭、口腔和鼻腔時產生共鳴並增大振幅，頻率變高，變成像人類說話的聲音。

↓

以語言的形式發出聲音

每個人嗓音不同的原因

聲道器官的長度和形狀、捲舌的方式和齒列等差異，讓每個人都具有獨特嗓音。

聲帶發聲的原理

呼吸時（聲帶打開）

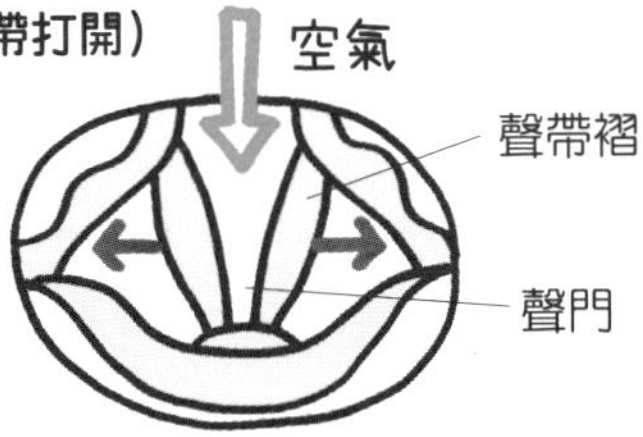

聲帶由兩片肌肉韌帶組成，繃在左右兩邊的肉壁上。呼吸時，聲帶會打開，讓空氣通過。

發聲時（聲帶關上）

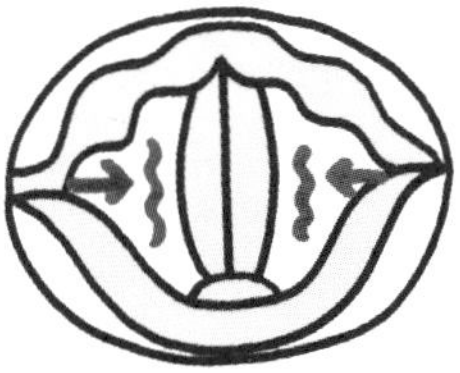

發聲時，聲帶關上，空氣碰撞到聲帶，因此振動而發出聲音。聲帶在一秒中會進行幾百次的開合運動。

海豚的叫聲是一套溝通系統

每隻海豚都有自己特殊的叫聲，這稱為「署名式口哨」（Signature whistles），能夠用來做「回聲定位」，也就是利用回聲來得知自己的所在位置，而這樣的溝通系統也有可能相當於人類的語言，讓海豚用來當作和夥伴之間的暗號並組成團隊。此外，也有人說海豚之所以發出像孩子般開心的聲音，純粹只是一種喜悅的表現。

6 一見鍾情只是大腦搞錯了！

大腦的幸福荷爾蒙使判斷力變差

「在相遇的瞬間一見鍾情」會讓人覺得是命中注定，對眼前之人的愛慕之情也會一口氣點燃，**但據說「一見鍾情」的現象其實只是大腦出錯了。**

每個人都有自己的喜好，但只要看到有異性符合自己的喜好之一，大腦就會誤以為這個人就是理想的對象，對其他沒有特別符合喜好的部分視而不見。

這種「一見鍾情」的現象比較常發生在男性身上，這是因為，相較於女性大多比較務實，會先摸清對方的內在和價值觀才喜歡上他，男性則有著重視外表的傾向。

人在戀愛時內心會小鹿亂撞，是由於大腦分泌了苯乙胺（Phenethylamine，PEA）這種神經傳導物質。

苯乙胺是一種荷爾蒙，會讓大腦的一部分麻痺，判斷力降低，而且還會使大腦大量分泌多巴胺（Dopamine）這種「幸福荷爾蒙」，兩者的效果加乘使得人的情緒更加高昂。**苯乙胺會瞬間在大腦中擴散開來，讓人充滿幸福感，而大腦會誤以為這就是戀愛，產生一見鍾情的錯覺。**然而，苯乙胺和多巴胺並不會永遠分泌下去。

苯乙胺的效力短的話只能維持3個月，長的話也只有3年左右。當苯乙胺的功效退去，人就會冷靜地看待另一半，也有些情侶的戀情會就此冷卻。

順便一提，除了戀愛情感之外，好惡也是由大腦來判斷，雖然好惡的標準人人不同，但都是由大腦的杏仁核等部位掌管。

「一見鍾情」是大腦弄錯了
天然的春藥「苯乙胺」會讓大腦麻痺！

一見鍾情！

男性會基於本能而戀愛，
相較於女性更容易一見鍾情。

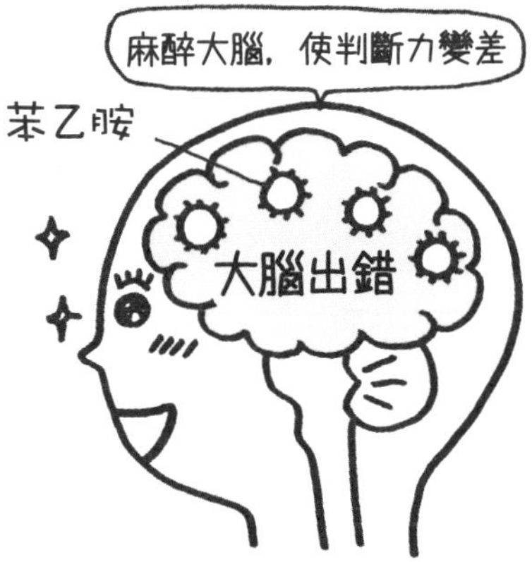

墜入情網是怎麼回事？

人體分泌苯乙胺，讓大腦誤以為是戀愛，進而一見鍾情，墜入情網。

苯乙胺是大腦內的麻醉藥

巧克力含有苯乙胺，在情人節送巧克力是因為苯乙胺是一種「愛的腦內物質」。它是生物鹼（Alkaloid），亦即一種麻醉藥，和多巴胺是同類。

好惡的情感取決於杏仁核

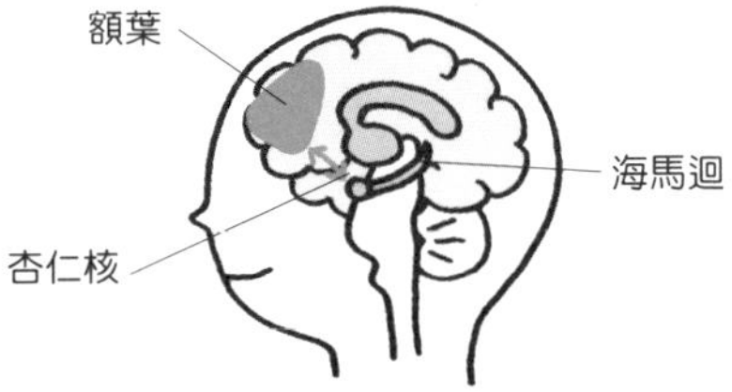

除了戀愛情感之外，人還有自己的好惡，由杏仁核接收來自海馬迴的資訊並進行判斷。當杏仁核做出「喜歡」的判斷時，大腦就會釋放多巴胺傳到額葉；做出「討厭」的判斷時則是分泌腎上腺素，萌生憤怒的情緒。

戀情過了 3 年就會冷卻！

苯乙胺的功效短則 3 個月，長則 3 年左右，因為苯乙胺這種會帶來強烈快感的物質若持續分泌，腦內的受體（Receptor）就會遭到破壞。雖然有些情侶會因為苯乙胺的功效退去而導致戀情冷卻，但在苯乙胺退去之後，人體就會分泌「催產素」（Oxytocin），從情侶關係進展到夫妻關係。

7 是什麼決定運動神經發不發達？

是運動「能力」好或壞，無關神經

所謂的「運動神經」是指末梢神經，當我們想讓身體動起來時，大腦的命令會經由這條「資訊通道」傳達到身體各部位。如果沒有運動神經的話，我們就無法隨心所欲地活動身體，沒辦法走路和拿取物品。運動神經的運作本身並沒有好壞之分，資訊從大腦傳到肌肉的「傳導速度」也沒有個人差異。

儘管如此，現實中還是有些人很擅長運動，有些人則不擅長，這是為什麼呢？

擅不擅長運動和運動神經無關，而是和「能不能隨心所欲地做出某個動作」有關。不擅長運動的人的大腦明知該怎麼做，但身體就是跟不上，無法隨心所欲地動起來。

相反地，那些運動神經很好的人，就是能夠把更複雜的資訊更加確實地送往大腦，做出精準的判斷來對肌肉發出命令，讓肌肉確實地動起來。

運動能力不好，可以透過反覆練習來彌補。儘管一開始表現不好，但持續練習就會越來越進步，這是因為大腦的運動皮質會確認運動時所犯下的失誤，再將訊號送往小腦，並修正神經回路。換言之，正確的說法應該是「運動能力」好或壞，而不是運動神經好或壞。

神經系統的發育會受到環境影響，假設20歲時為百分之百，5歲時就會達到80%。而5歲到12歲這段期間如何運用身體，將會大大影響一個人的運動能力。

因此，若要增強運動能力，在稱為**「黃金時期」**的9歲到12歲之間適當運動是很重要的。

話說回來，運動神經是什麼？
它是負責傳遞大腦命令的「資訊通道」

運動神經的機制

運動指令經由脊髓，從大腦送往肌肉
（神經回路）

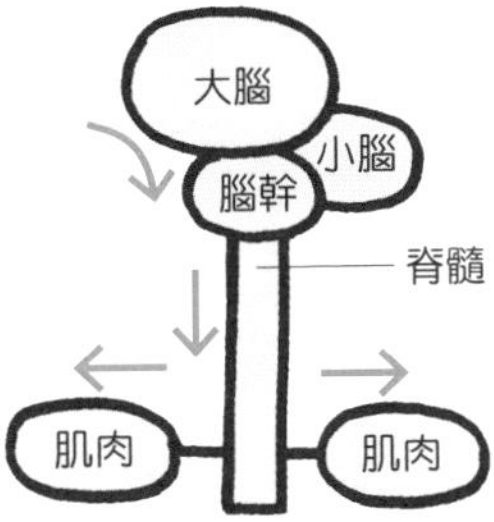

任何人都能讓運動能力進步！

若想正確記住運動神經的回路，
就要反覆練習。

在練習的過程中，大腦會記住表現佳時的神經回路並做出反應。舉例來說，看到球飛過來時，大腦會記住要牽動哪一條肌肉才能有最佳表現，反覆運用這一條肌肉，運動能力就會變好。

運動白痴是遺傳而來的？

世界頂尖的運動員有許多人都深受父母的影響，肌肉的特徵具有遺傳性是原因之一。然而，一個人之所以會變成運動白痴，大多是因為小時候很少到外面玩耍和運動。因此，在「黃金時期」做些適度的運動，藉此提高運動能力是很重要的。

8 「癢」其實是微弱的痛覺，這是真的嗎？

兩者雖然是經由不同神經傳導的感覺……

比方說，當指尖受傷時，**傷害受器**（Nociceptor）這種特別的神經細胞組織會感知到身體受到傷害，並且傳送訊號給脊髓，接著再透過感覺傳導路徑傳送到位於大腦皮質的體感覺區（Somatosensory area），由它負責處理疼痛的訊號，於是大腦就會認知到這個資訊，並感覺到「痛」。**感覺到疼痛能讓身體察覺異常的變化，知道要下達防衛的指令以便遠離危險**。

同樣的，「**癢**」也是讓身體察覺異常的徵兆。「癢」是皮膚表面受到外界刺激或起了過敏反應，**讓身體釋放出「組織胺」（Histamine）這種會導致「癢」的物質。當神經纖維末端接收到刺激，就會把資訊送往大腦，讓大腦認知到「癢」**。

痛和癢有一些共通點，兩者都是透過「痛覺神經」感受到的症狀，所以人們從前認為**「癢是痛覺神經感受到的微弱痛覺」**。然而，由於胃腸等內臟雖然會感覺到痛，卻不會感受到癢，**才揭曉癢和痛覺是經由不同的神經傳導**。

負責傳遞「癢感」的神經稱為「C纖維」（C-fiber），長得很細、傳導速度很慢，但目前已知傳導速度快的「A纖維」（A-fiber）的一部分也和癢感的傳遞有關。

另外，引起癢感的**「組織胺」**也會對痛覺起反應。相反地，會刺激痛覺的辣椒素（Capsaicin）也會對癢感造成影響。因此，**如今科學家仍然認為痛和癢之間有著某種錯綜複雜的關係**。

痛和癢經由不同的神經傳導到大腦
但痛和癢都是讓我們察覺身體異常的徵兆

痛覺的機制

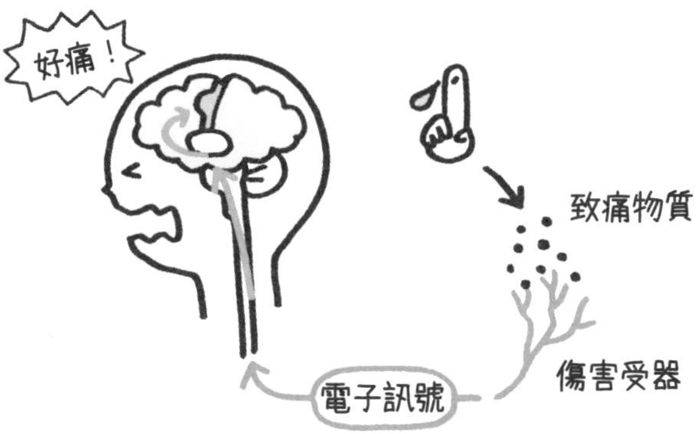

受傷時，名叫「傷害受器」的神經細胞組織會接收到致痛物質，把痛覺刺激的訊號傳給脊髓，再由大腦認知到該資訊並感覺到痛。

癢的機制

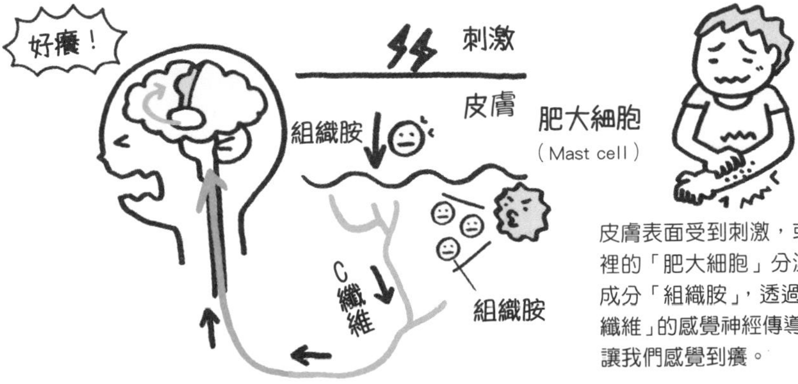

皮膚表面受到刺激，或是皮膚裡的「肥大細胞」分泌出致癢成分「組織胺」，透過名為「C纖維」的感覺神經傳導到大腦，讓我們感覺到癢。

被搔癢時會笑是自律神經反應過度

「怕癢」也是表示危險的訊號？

特別怕癢的身體部位包括耳朵四周、脖子、腋下、腳底和腳背等等，這些都是動脈很接近皮膚表面的「危險部位」。因此，這些部位附近布滿了自律神經，對外界的刺激很敏感。癢感原本是由小腦來抑制，但大腦會因為無法預知別人如何搔我們的癢而陷入混亂，兩種不舒服的感覺重疊在一起就形成了怕癢的感覺。

9 為什麼上了年紀就會健忘呢？

老化造成的健忘和失智症是兩回事！

年紀越大就越健忘，要學習新事物也要花很多時間。當健忘的症狀變得嚴重，人們就會擔心自己該不會是失智了，但老化所引起的健忘在任何人身上都會發生，健忘並不等於失智。

說到底，**失智症是一個總稱，是指腦細胞受損或活動力低迷而引發各種障礙，讓日常生活變得困難。**

引發失智症的主要原因是名叫 **β 澱粉樣蛋白（Beta-amyloid）**的蛋白質堆積在大腦神經細胞四周，這就是有名的**阿茲海默型失智症**，其他還有血管性失智症、路易氏體失智症（Dementia with Lewy Bodies，DLB）和額顳葉失智症（Frontotemporal dementia，FTD）等等。此外，慢性硬腦膜下血腫（Chronic subdural hematoma）或甲狀腺機能低下症（Hypothyroidism）等疾病也會呈現出失智的症狀，而它們的成因都是送往大腦的血流變差。

得了失智症不僅會健忘（記憶障礙），連判斷力和理解能力都會變差，還會有無法分辨時間和地點、不會認人的「定向力障礙」，以及原本會的事情變得不會的「執行功能障礙」等各種症狀。

老化引起的健忘和失智症最大的差別在於「有沒有察覺自己的健忘」。舉例來說，如果是老化引起的健忘，當事人會有自覺並感到擔心，但失智症病患連自己健忘這回事都不記得，也沒有自覺。此外，老化導致的健忘會讓人忘記一部分的經歷，但如果有提示或線索的話多半能夠想起，但失智症則會連自己有過這樣的經歷都忘記，即使有線索也想不起來。

不過，由於初期的失智症和老化造成的健忘很難分辨，所以如果出現了令人在意的症狀，早點接受診斷是很重要的。

健忘和失智的差別是什麼？

健忘是老化造成的，失智則是認知功能障礙

比較健忘和失智症的差異

老化導致的健忘

- 對健忘有自覺
- 忘了自身經歷的一部分
- 對生活無礙
- 人格不會改變

失智導致的健忘

- 對健忘沒有自覺
- 忘記自己曾經歷過
- 對生活帶來影響
- 有時連人格都會改變

最常見的阿茲海默型失智症

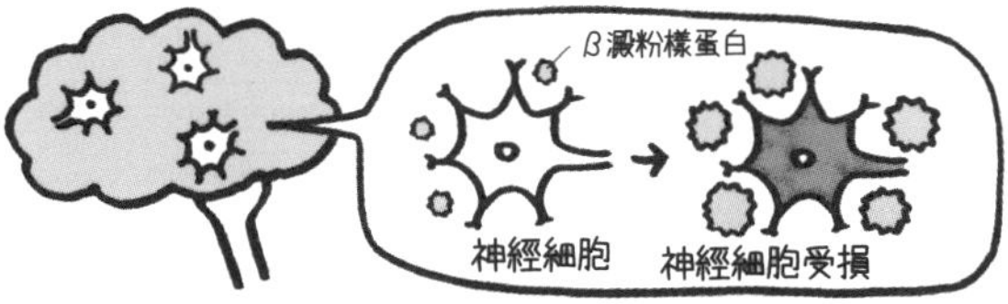

阿茲海默型失智症

大腦逐漸萎縮，認知功能減退。這種疾病是因為 β 澱粉樣蛋白不正常堆積，造成神經細胞受損，神經傳導物質減少，大腦整體縮小而引起。

失智症大約有一半是阿茲海默型失智症，其他還有血管性失智症和路易氏體失智症等種類。

這種情況是失智症的初期症狀

忘記自己吃過飯，誤以為家人不讓自己吃飯；出門買東西，卻忘了要買什麼。這些是失智症引起的認知功能障礙，稱為「核心症狀」。

人工智慧掌控人類的世界真的會到來嗎？

人工智慧（AI = Aritificial Intelligence）能夠做到從前被認為只有人類辦得到的智慧行為，包括認知、推論、應用語言和創造等等。在人類與人工智慧的對決中，人工智慧已經在西洋棋、將棋和圍棋遊戲中打敗人類冠軍。在未來的某一天，人工智慧是否真的會像電影演的那樣擁有自己的意志，並且凌駕人類呢？

美國的雷・庫茲威爾（Ray Kurzweil）是研究人工智慧的世界級權威，他在其著作《科技奇點已近：當人類超越生命時》（暫譯，The Singularity Is Near: When Humans Transcend Biology，2005 年出版）中預言，當人工智慧進步到能夠自行改良規範它自己的程式時，它將會持續以和指數函數同樣快的速度增長、進化，到了某個時間點，它的智慧將會超過全人類智慧的總和。

這個預測未來的概念稱為「科技奇點」（Technological Singularity），根據雷・庫茲威爾的預測，它將會發生在 2045 年，從此人工智慧將會肩負起所有的發明任務，就連人類也無法預測它會有多麼進步。

第2章

消化與泌尿器官的奧祕

食物的消化、吸收與排泄

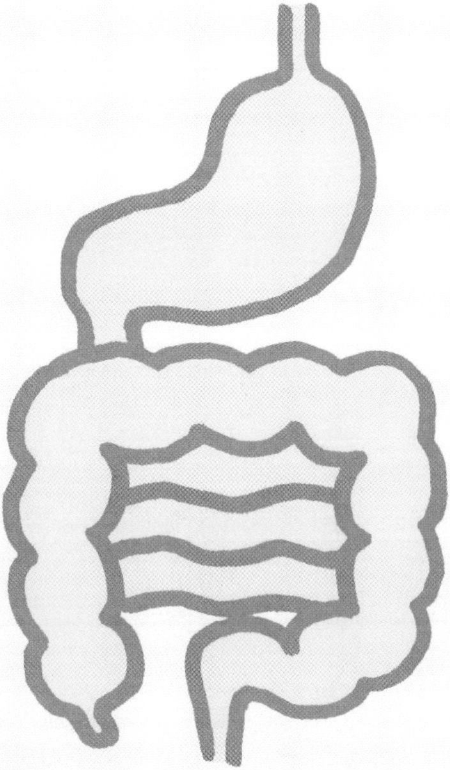

10 唾液、涎和口水有什麼不同？

它們全都是口腔分泌的消化液！

唾液、涎和口水都是口腔分泌的消化液，指的是同一種東西。一般來說，口腔製造的唾液俗稱口水，無論是不知不覺中從嘴巴流出來的，或是故意吐出來的，都是同樣的東西。**唾液中有99％以上都是水分，剩下不到1％則是消化液，其中混有名叫澱粉酶（Amylase）的酵素，用來消化澱粉。**

唾液的成分具有重要的功能，會和食物混合，有助於咀嚼和吞嚥。除此之外，它還有防止細菌繁殖的抗菌作用，能夠保護黏膜、清潔口腔，讓說話和進食更順暢。

還有，保護牙齒不被強酸侵蝕也是唾液的功能之一。牙齒表面的琺瑯質遇到酸就會溶解，換句話說，酸味強烈的東西毒性多半很強，用唾液沖掉毒素是身體的防衛本能。當我們把酸梅或檸檬等酸性食物放進嘴裡時，唾液的分泌量會比平常多就是為了中和酸性。此外，**光是看到酸的東西就會流口水，這是因為大腦記得從前體驗到的酸味，基於條件反射而分泌唾液。**

唾液由腮腺、頷下腺、舌下腺、舌頭、上顎等黏膜的小唾液腺分泌，成人一天大約會分泌1至1．5公升，但其分泌量會隨著年齡變大而減少。此外，生活作息不規律、壓力大、糖尿病或藥物的副作用也會使唾液分泌量減少。

有時候睡覺時會流口水，這是因為我們打開嘴巴用嘴呼吸。

睡到流口水是身體為了防止口腔乾燥而大量分泌唾液，但**用嘴巴呼吸會提高罹患各種疾病的風險，所以要記得用鼻子呼吸。**

口水是唾液的俗稱
兩者都是口腔分泌的消化液！

不知不覺中流出來的

- 唾液的成分有 99%都是水分，幾乎無臭無味。
- 口水的臭味是口腔中的病毒、厭氧菌和食物殘渣所造成的。

故意吐出來的

唾液具有強大的力量！

唾液主要來自腮腺、頜下腺、舌下腺這三個大唾液腺，
1 天會分泌大約 1 ～ 1.5 公升。

淨化作用
沖掉口腔內的細菌和食物殘渣。

抗菌作用
防止口腔中的雜菌繁殖。

中和作用
將偏酸性的口腔環境變成中性。

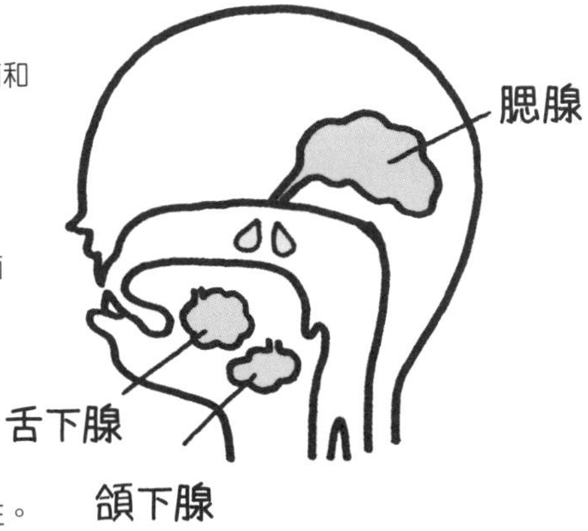

消化作用
唾液中的消化酵素會分解食物，讓腸子更容易吸收。

再礦化作用
修復牙齒表面的琺瑯質，預防蛀牙。

黏膜保護作用
滋潤黏膜，避免受損。

巴夫洛夫的狗

光是看到酸的東西就流口水是條件反射

大腦會記住從前吃到酸味的經驗，讓我們光是看到酸的食物就會基於條件反射而分泌口水。有個知名實驗叫做「巴夫洛夫的狗」，如果在每次餵狗吃飼料時都搖鈴，即使沒有飼料只搖鈴，狗還是會流口水。

11 「裝甜點的另一個胃」真的存在嗎？

胃能伸縮自如，最大可以膨脹到15倍?!

胃是個非常有彈性的器官。以成年人來說，**空腹時胃的容量大約是一百毫升，大小就像一顆棒球，但是吃飽時卻能膨脹得很大，最多可以儲存大約1．5公升的食物，假如繼續塞的話，還能膨脹得更大。**胃主要的功能是暫時用來儲存送進嘴裡的食物，把食物消化成黏稠的粥狀，再一點一點地送往小腸。

胃位於橫隔膜（胸部與腹部的分界）下方偏左的位置，**由於橫隔膜下方只有肝臟，所以胃能夠利用剩下的空間，自由自在地伸縮。**

有句話說：**「甜食裝在另一個胃。」**當胃裡裝滿時，位於大腦下視丘的飽足中樞會發出「已經吃飽了」的訊號，讓我們停止進食。但是，當人類看到眼前有愛吃的食物，想吃的欲望就會凌駕飽足感，**使大腦分泌食慾激素（Orexin）這種荷爾蒙，讓胃的肌肉鬆弛。因此，即使胃已經滿了，還是能夠再空出多餘的空間來裝食物。**現代，人們說吃七分飽才會長壽，我們還是必須小心不要吃太多，即使你覺得自己還能再吃，還是維持在還有點餓的程度比較好。

順便一提，那些能一次吃下十公斤以上食物的大胃王，他們的胃和我們有什麼不同呢？**他們是透過訓練來增加胃的彈性，藉此漸漸擴充胃的容量，但其原本的容量幾乎和普通人無異。**

由於胃幾乎全都是由肌肉組成的，所以透過訓練來擴充食量是個有效的方法，但這樣也有危險性，所以不要抱著好玩的心態隨便模仿。

胃可以膨脹到多大？

胃富有彈性，最大可以膨脹到 15 倍！

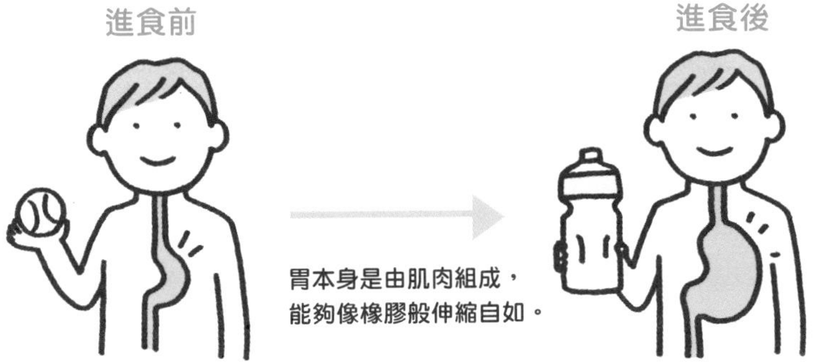

胃本身是由肌肉組成，
能夠像橡膠般伸縮自如。

100 毫升
大小約為一顆棒球

1500 毫升
大小約為一個 1.5 公升的寶特瓶。

「甜點裝在另一個胃」是大腦的傑作

看到甜點

分泌腦內荷爾蒙
「食慾激素」

促使胃的肌肉鬆弛，
把胃的內容物送往小腸，
在裝滿的胃中製造
新的空間。

那些很活躍的大胃王，是透過大量喝水等訓練方式來讓胃變得巨大。

大胃王的胃和一般人沒有太大的差別

有人認為大胃王有一些與生俱來的生理特性，例如即使胃膨脹也不會擠壓到其他器官、腸子的蠕動很活躍、能把食物很快地從胃移到小腸、不容易吸收營養、不會有飽足感等等，但其胃容量本身和普通人沒有太大的差異。

12 為什麼肚子餓了就會咕嚕咕嚕叫？

這是胃腸正常運作的證據！

肚子餓時會發出咕嚕聲，在醫學上叫做「腹鳴」。當有食物進入胃裡時，胃會沿著入口「賁門」到出口「幽門」的方向，像波浪般開始蠕動。在蠕動運動中被攪拌的食物，其中所含有的蛋白質會被胃液中的胃蛋白酶（Pepsin）分解，變成粥狀送往十二指腸。當胃排空時，十二指腸就會分泌一種稱為腸動素（Motilin）的荷爾蒙，於是胃就會開始強力收縮，稱為「**胃腸移行性複合運動**」（**Migrating motor complex**）。

這樣的收縮運動會讓胃中僅剩的食物殘渣移往十二指腸，而這時胃腸中的空氣會受到壓迫，發出咕嚕的聲音。這聲音被別人聽到或許有點難為情，但**肚子會叫是腸胃健康運作的證據**，同時也能將留在胃或小腸裡的氣體排空，具有清潔消化器官的效果。

如果我們常吃點心或宵夜，讓胃沒有空檔可以休息，也很少維持空腹狀態的話，罹患高血壓或糖尿病的風險就會變高，必須注意。

話說回來，我們其實不是因為胃空了才感到飢餓。在激烈運動等情況之後，血液中的血糖會降低，相對地身體裡屯積的脂肪就會開始分解以產生能量，此時所製造出來的游離脂肪酸會被身體視為能量不足（也就是空腹感）的原因，促使我們進食以補充能量。

此外，**當胃腸開始進行名叫飢餓收縮（Hunger Contractions）的運動，將食物從胃送到小腸時會製造出氣體，或是精神緊繃、壓力大時也會讓胃腸受到刺激，使肚子發出咕嚕聲。**

腹瀉時肚子很痛，肚臍一帶會發出翻攪聲，這是因為小腸和大腸劇烈蠕動，想要把消化、吸收完畢的食物立刻排出。

肚子為什麼會叫？
這是胃腸充滿活力，健康運作的證據

我透過收縮把
食物殘渣排空了！

肚子咕嚕叫的原理

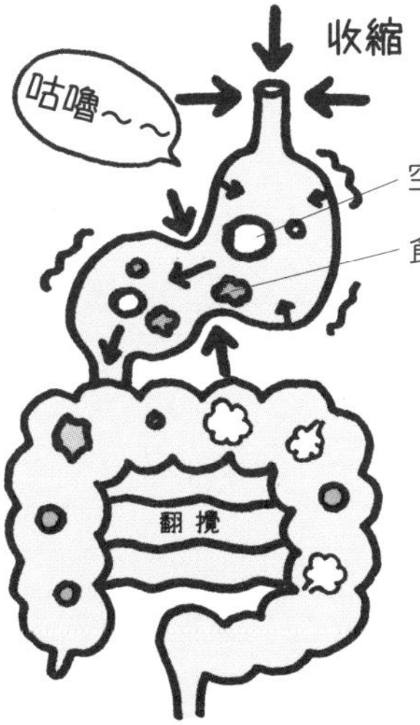
空氣
食物殘渣

胃收縮時壓迫到胃裡的空氣，便發出聲音（胃腸移行性複合運動）

腸內細菌製造的氣體刺激了腸子，使其發出聲音（飢餓收縮）。

＊肚子痛並且發出翻攪聲，是想要儘快將吸收完畢的食物排出。

反覆腹痛和腹瀉的「腸躁症」

所謂的「腸躁症」是一種壓力引起的身心症，即使沒有消化系統疾病，卻還是會腹痛、腹脹與排便異常，在搭車通勤時突然一陣腹痛來襲而衝進廁所裡拉肚子就是典型的症狀。

13 飯後的「火燒心」是什麼樣的症狀？

這是胃液或胃酸逆流刺激到黏膜所引起的疼痛

當我們暴飲暴食，或是吃了油膩食物時，心窩處到胸口一帶有食道灼熱感，讓人很不舒服，即是**「火燒心」**。

這個症狀的起因是賁門（胃的入口）的**「下食道括約肌」（Lower esophageal sphincter，LES）開啟，胃液和胃酸連同食塊一起逆流，刺激到食道黏膜**。

我們的胃本來有賁門會在進食後關上以防止逆流的機制，但是當我們吃太多，要花很多時間才能消化完畢時，胃裡就會「塞車」。

這時，下食道括約肌就會鬆弛，導致食物逆流而引發「火燒心」，這樣的症狀稱為**「胃食道逆流」**（GERD），分為「可在食道黏膜觀察到糜爛或潰瘍」與「沒有糜爛或潰瘍」兩類。在內視鏡檢查中發現異常病變者稱為**「逆流性食道炎」**（Reflux esophagitis，RE），在高齡者和肥胖者身上很常見。

另一方面，若未在食道黏膜上發現病變，則稱為**「非糜爛性逆流症」**（Non-erosive reflux disease，NERD），較常發生在年輕纖瘦的女性身上。

胃食道逆流好發於肥胖、懷孕及便祕等內臟飽受壓力的情況，典型症狀是會在空腹時或晚上火燒心發作。此外，有時也可觀察到喉嚨卡卡、聲音沙啞、胸痛、咳嗽等食道逆流以外的症狀。

此外，食道黏膜和胃黏膜不同，禁不起胃酸刺激，所以當逆流性食道炎反覆發作，就會演變成**「巴瑞特氏食道症」**（Barrett's esophagus），甚至「食道腺癌」這種癌症。

攝取油膩的食物會促進胃酸分泌，所以必須改吃低油脂食物，也要改掉抽菸和飲酒過量等不良的生活習慣。

火燒心會有這些症狀！

不要吃太多、喝太多，也要小心油膩食物！

「火燒心」是這樣引起的

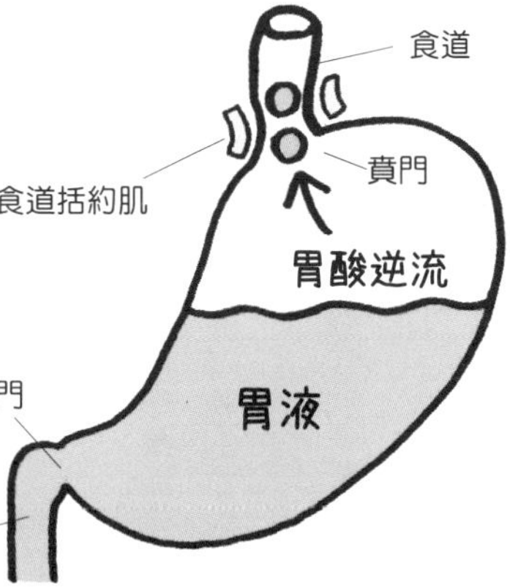

火燒心

吃太飽或吃了油膩食物時，胃的下食道括約肌會鬆弛，導致腹壓上升，使胃裡的東西或胃酸逆流，進而產生火燒心的症狀。

若在內視鏡檢查中觀察到食道黏膜的異常病變（糜爛、潰瘍），稱為「逆流性食道炎」。

為了預防逆流，飯後不要馬上躺下。

為了預防胃食道逆流，要注意：

- 不要吃太多，尤其要特別小心油膩食物
- 飲酒勿過量，勿抽菸
- 避免彎腰
- 皮帶不要繫太緊
- 不要累積過多壓力

14 「腸道是第二個腦」是什麼意思？

大腦與腸道之間有著互相影響的特殊關係

腸子能夠分解唾液和胃無法分解的脂肪，小腸內側有稱為「絨毛」的皺摺，負責吸收養分，而大腸則是負責吸收水分，將有害物質和大便一起排泄出去。

據說腸道裡的神經細胞數量僅次於大腦，腸道不僅擁有自己的神經系統——稱為「腸神經系統」（ENS），而且**不需要大腦下指令就能獨立運作，因此被稱為「第二個腦」**。另外，腸道和大腦的關係很密切，這稱為**腸腦交互作用**（Brain-gut interaction），例如當大腦感受到壓力時肚子會痛，相反地當腸子不舒服時，也會導致失眠、不安或憂鬱。

此外，**名叫血清素的神經傳導物質又被稱為「幸福荷爾蒙」，大約有90％由腸道製造，即使說情緒取決於腸道環境也不為過。**人體內大約有60％的免疫細胞生存在腸道中，因此腸道可說是最大的免疫器官。

尤其腸道內有著一百種、數量大約一百兆個的細菌，不同種類的細菌會聚集起來形成腸內菌叢（Intestinal flora），就像腸道裡的花田似的。腸道內的細菌可以根據其功能分為三種，分別是**好菌**、**壞菌**，以及同時具有好壞功效的**伺機性病原菌**（**Opportunistic pathogens**）。

各種細菌的比例會隨著年齡、飲食和健康狀況等各種因素而每天變化，**以健康的人來說，比例大約是好菌20％、壞菌10％、伺機性病原菌70％**。不過，例如比菲德氏菌這種有名的好菌在人過了60歲之後就會急遽減少，腸道環境隨著老化而逐漸惡化。

當腸道內不再保持平衡，就會導致各種不良的影響，例如便祕、腹瀉、過敏或慢性病等等，所以我們要積極地維護腸道環境。

腸道被稱為「第二個腦」的原因

腸道擁有獨立功能，卻又和大腦關係密切

腸道影響大腦

當腸道環境改變，大腦就會感到不安或放鬆。

大腦影響腸道

壓力使腸道功能變差，導致便祕或腹瀉。

「腸腦交互作用」是指：
大腦和腸子會透過自律神經和荷爾蒙對彼此產生密切的影響。

讓腸道被稱為「第二個腦」的神奇力量

腸內菌叢

棲息在腸道內的細菌會根據菌種不同而形成不同的區塊附著在腸道上，因為看起來很像花叢（flora）而得名。

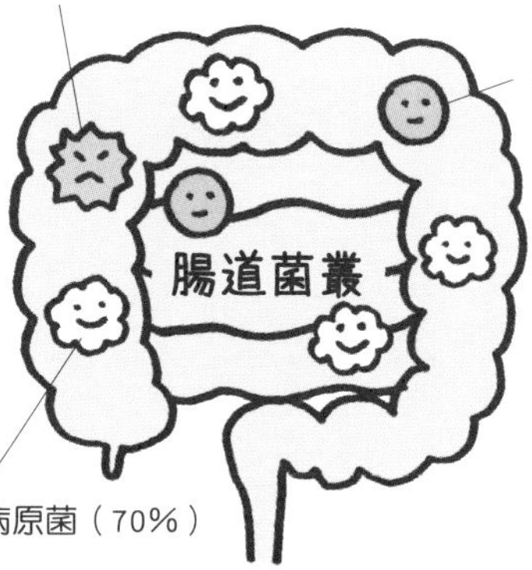

- 血清素這種腦內傳導物質是一種幸福荷爾蒙，而它大約有 90% 由腸道製造。
- 人體內約 60%的免疫細胞生存在腸道裡，以備外敵入侵。

有益腸道健康的食品

發酵食品 能增加好菌

納豆、起司等

食物纖維、寡糖 好菌喜歡的食物

菠菜、羊栖菜等等

洋蔥、香蕉等等

＊但這些食物含有醣類，小心別吃太多。

15 打嗝和放屁哪個比較臭？

放屁的臭味來自腸道環境

有句話說：「要出來也不會看場合。」打嗝和放屁最會發生在不恰當的時機，而**屁和嗝同樣都由空氣組成，可以說是同類**。

我們呼吸時吸進來的空氣會經過氣管前往肺部，而放屁和打嗝時所排出的氣體，其實就是和食物一起吞下去的空氣。

我們會在進食、吞口水或說話時不小心連空氣也一起吃下去。除此之外，喝啤酒或汽水所產生的二氧化碳等氣體會堆積在胃上方一個叫胃底（Fundus）的地方，**當這裡的空氣超過一定的量而導致壓力升高時，胃就會為了降壓而打開賁門，空氣會逆流並且從嘴巴排出，形成打嗝。**

至於剩下的空氣，**則是和食物殘渣一起移動到腸子，變成屁從肛門排出。**空氣的成分是氮氣、氧氣和二氧化碳，空氣明明不臭，為什麼屁會臭呢？

放屁的臭味來自腸內細菌分解食物殘渣、吸收營養時所產生的硫化氫（Hydrogen sulfide），所以屁味會依個人的飲食而有所不同。

吃了肉類、起司、蛋等動物性食品，或是蒜頭等氣味濃烈的食物就會製造臭氣，若吃了根莖類或高麗菜等纖維質多的蔬菜，所產生的氣體沒什麼味道，由此可見，臭味是源自腸道環境。

一般而言，健康的人一天平均會放屁5～6次，把屁憋著不放有礙健康，所以千萬不要忍住不放。

放屁和打嗝的氣體成分相同
兩者都是和食物一起吞下去的空氣

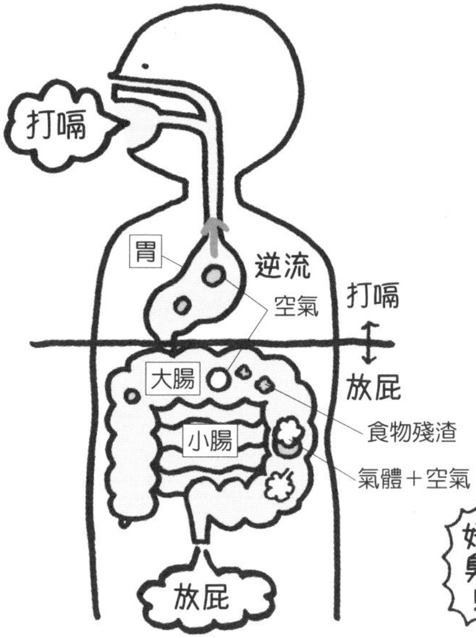

放屁和打嗝的原理

打嗝

空氣和二氧化碳等氣體堆積在胃上部，超過一定的量時壓力會變高，使胃的賁門開啟，讓空氣逆流並且從嘴巴排出。

放屁

當腸內細菌分解空氣和食物殘渣並吸收營養時會產生硫化氫等氣體，從肛門排出就變成放屁。

屁味來自腸道環境

當食物被好菌分解時，所產生的氣體沒什麼味道。

當食物被壞菌分解時，所產生的氣體含有阿摩尼亞（氨）和硫化氫，所以很臭。

如果憋著不放屁，屁會從嘴巴排出嗎？

屁有一部分的成分會被身體吸收，進入血液中在全身循環，或是溶解在尿裡，有時則是經由肺部和呼吸一起吐出，所以多少會有點臭。不過，屁本身並不會從嘴巴排出，所以不要憋著不放屁對身體比較好。

16 酒量好和酒量差的人究竟哪裡不同？

能不能順利分解酒精是受遺傳影響！

喝了酒之所以會醉，起因於人體代謝酒精過程中所產生的**「乙醛」（Acetaldehyde）**。

攝取到人體中的酒精會被胃和小腸吸收，再送往肝臟。接著，酒精首先會被分解成乙醛，再進一步變成醋酸，透過血液在全身循環，最後被分解成二氧化碳和水，以汗、尿或呼氣等形式排出體外。

用來分解乙醛的**「醛去氫酶」（Aldehyde dehydrogenase，ALDH）**分為高活性、低活性與無活性，**酒量不好的人，其醛去氫酶的活性天生就很差（低活性）或無活性，無法順利分解乙醛，即使只喝了一杯啤酒就會臉紅、想吐、頭痛和想睡，這稱為「酒精性臉紅反應」**。

日本人約有40％屬於低活性型，約4％屬於無活性型，算起來將近有一半的人酒量不好。

醛去氫酶的種類是遺傳而來，父母酒量不好的話，子女也不要勉強自己喝酒。

喝了酒之後心情會很嗨，是因為酒精會促進大腦分泌神經傳導物質「多巴胺」以及能夠抑制壓力的「血清素」，在心情嗨起來的同時，還具有從壓力中解放身心的功效。

然而，若長期大量酗酒，會導致脂肪肝和肝硬化等肝功能障礙，而這也是酒精成癮的來由，所以無論如何都要適量。

有資料顯示，和完全不喝酒或偶爾才喝酒的人比起來，每天適量飲酒的人死於心肌梗塞等循環器官疾病的機率比較低，重點在於要對酒有些相關知識，並且喝得開心。

酒量好和酒量差的人，差異為何？
差別在於能分解酒醉物質的酵素強弱

酒量不好的人……
喝酒後，人體會產生具有強烈毒性的乙醛，酒量不好的人，其用來分解乙醛的醛去氫酶（ALDH）代謝力很差，這種酵素類型是會遺傳的。

人體分解酒精的步驟

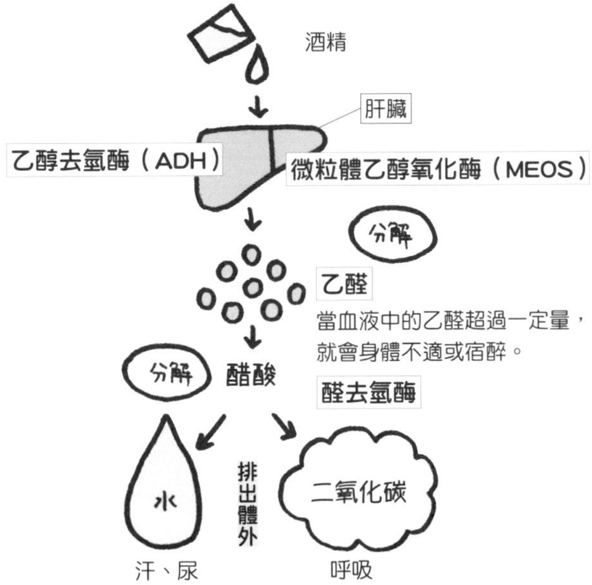

日本酒的一日合適飲用量小於 180 毫升

酒量可以經由訓練變好嗎？

酒量不好的人都是天生如此，不要說訓練了，就連硬灌也不行。稍微能喝的人酒量之所以變好，是因為大腦對酒精的敏感度變得遲鈍。要是喝習慣了恐怕會酒精成癮，所以要注意。

17 飯後或突然運動為什麼會肚子痛？

這有很多種說法，最有說服力的是「腹膜摩擦論」

當你無預警地開始跑步，或是飯後馬上運動時，肚子會不會突然痛起來呢？英文把這種肚子痛稱為「Stitch」，形容像是縫東西時被針刺到一樣。

這種肚子痛的原因有很多種說法，其中一個論點是**「脾臟收縮」**。脾臟負責的職務有免疫、造血和儲藏血液，當我們激烈運動時，肌肉會需要大量氧氣，整體的血液量就會不足，**於是脾臟便急遽收縮，好把它裡面儲存的血液送出去，導致左側腹感到疼痛**。此外，要是在飯後激烈運動，血液就會不足而使胃腸開始痙攣。**這樣的痙攣傳到大腦，會讓大腦誤以為側腹在痛，這就是「胃腸痙攣論」。其他還有「橫隔膜痙攣論」，主張疼痛是橫隔膜周圍的肌肉或內臟血流和氧氣供給不足所引起的。此外就是「氣體論」，推測是食物在消化過程中和消化液起了化學反應而產生氣體，在身體運動時受到搖晃而堆積在大腸並膨脹，所以才會肚子痛。**諸如此類，根據疼痛部位不同，可能的原因也不一樣。

最近有個「腹膜摩擦論」很有說服力，也就是腹腔在運動時上下左右搖晃，內部的器官在晃動時摩擦到腹膜而導致疼痛。

無論是哪種情況，為了預防肚子痛，飯後都不要馬上運動，應該隔一段充足的時間再活動身體。此外，運動前一定要先做伸展操，並且從比較輕鬆的運動開始。尤其跑步、游泳或跳舞等運動容易搖晃上半身而造成負擔，透過鍛鍊體幹便能預防肚子痛。

突然肚子痛的原因有很多
疼痛的部位不同，原因也不同

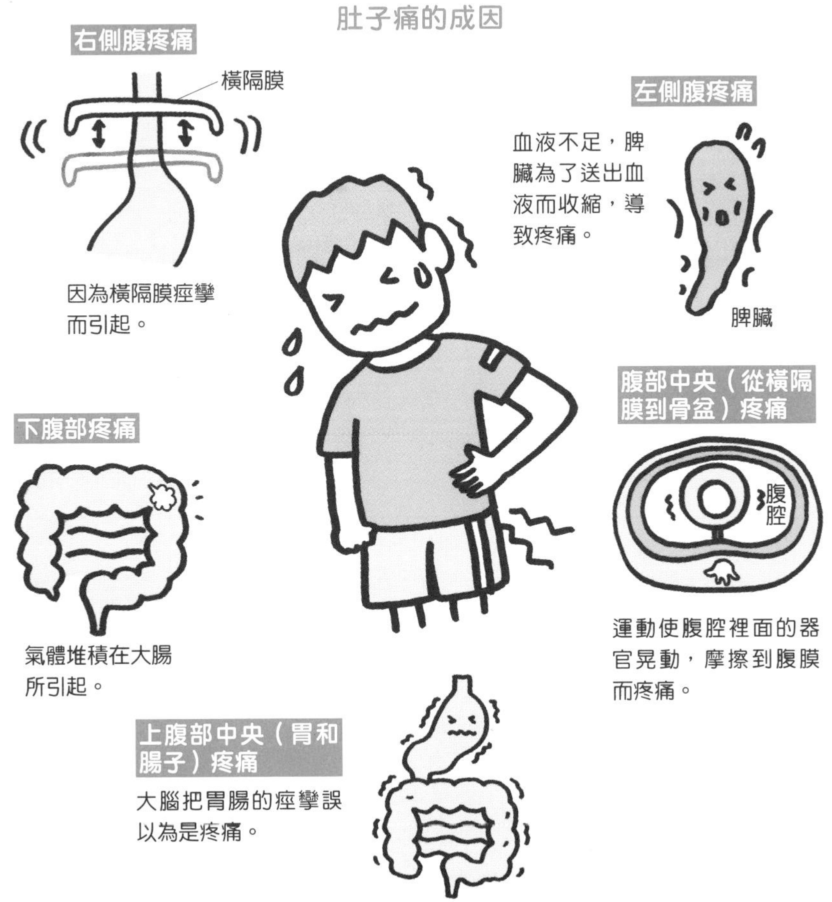
肚子痛的成因
右側腹疼痛
橫隔膜
因為橫隔膜痙攣
而引起。
左側腹疼痛
血液不足，脾
臟為了送出血
液而收縮，導
致疼痛。
脾臟
腹部中央（從橫隔
膜到骨盆）疼痛
腹
腔
運動使腹腔裡面的器
官晃動，摩擦到腹膜
而疼痛。
下腹部疼痛
氣體堆積在大腸
所引起。
上腹部中央（胃和
腸子）疼痛
大腦把胃腸的痙攣誤
以為是疼痛。

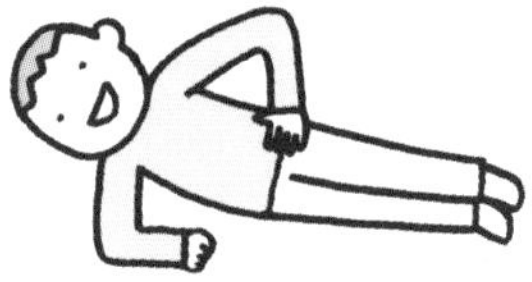

鍛鍊體幹
維持 30 秒

肚子痛時就這樣做！

- **肚子痛時的緊急處置**
  - 深呼吸，或是改用腹式呼吸
  - 伸展或按摩腹部
- **預防肚子痛的方法**
  - 鍛鍊體幹來強化腹肌

18 大便是能讓我們了解腸道狀態的重要資訊！

大便是腸道細菌的集合體！

排便的次數、量和狀態是用來判斷身體健康狀態的最簡便方法。糞便中約有80％是水分，剩下的20％中，食物殘渣、剝落的腸黏膜和腸道細菌各約占三分之一。**光是一公克的糞便就含有大約一兆個腸道細菌，因此做糞便檢查就能夠推測腸道環境是否達到平衡。**

排便次數一般來說是一天一次，但一天三次到一週三次也屬於正常範圍。糞便量會因為進食量和飲食內容而有所不同，一天平均約為100～200公克。若多吃蔬菜等植物性食材，糞便就會量多並偏軟。肉吃多時，糞便量就會偏少而乾燥。

當好菌占優勢時，大便會呈現黃褐色的香蕉形狀（水分約占七成），肚子不必用力也能輕易排出，而且會浮在水中。不過，當大便很臭時就表示壞菌占優勢，可以推測出腸道環境正在惡化。

大便的軟硬度和形狀會依據通過消化道的時間長短而改變。醫院或照護現場在記錄大便狀態時，會使用**「布里斯托大便分類法」（Bristol Stool form Scale，請參考左頁）**，將大便形狀和軟硬度分成七個階段。

大便的茶褐色是來自分解脂肪的膽汁，因為膽汁中含有**膽紅素（Bilirubin）這種橘黃色的色素，導致大便被染成褐色**。此外，當胃臟等上消化道出血時，大便會呈現煤焦油般的黑色。若是靠近肛門的部位出血，大便顏色就會呈現更鮮豔的紅色……等諸如此類，因此我們能夠透過大便的顏色得知消化道內大致的出血部位。

近幾年，有人開始採用一種驚人的療法叫做**「糞菌移植」**，也就是把好菌占優勢的大便移植到別人的大腸裡，藉此治病。糞便儼然已經肩負起最新生物科技的一環中的要角了。

大便是健康的指標！
1 公克的糞便中含有大約 1 兆個腸道細菌

- 量：1 天約 100 ～ 200 公克
- 次數：1 天 1 次～ 1 週 3 次

※ 有個人差異。

產生便意的機制

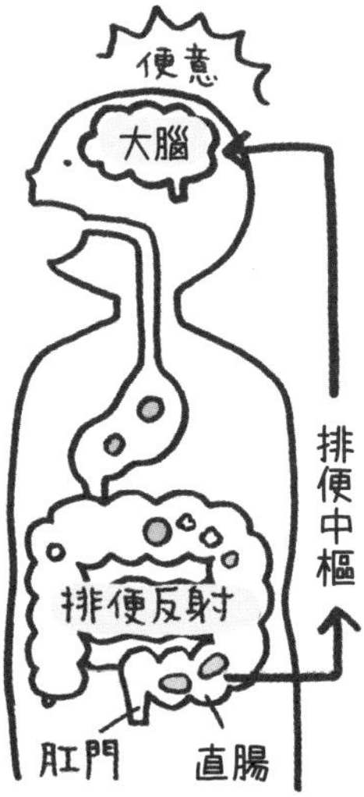

1. 食物在大腸的蠕動下送到直腸。
2. 排便反射：「糞便已經來到直腸」的資訊傳送到排便中樞，於是腸子便加速蠕動，以利排出糞便。
3. 訊號傳到大腦。
4. 視當下情況而定，只要大腦發出指令，肛門的括約肌就會鬆弛，開始排便。

布里斯托大便分類法

有便祕傾向

1. 硬粒狀
2. 長條凹凸狀
3. 長條裂痕狀
4. 香蕉光滑狀
5. 散塊狀
6. 軟散糊狀
7. 水狀

有腹瀉傾向

移植他人大便來治病的「糞菌移植」是什麼？

健康者的糞便大約含有 1 兆個腸道細菌，「糞菌移植」就是把健康者的糞便加工，再移植到不健康的人的大腸中，藉此治療疾病。目前用此方法治療的疾病只有困難梭狀芽孢桿菌感染症（Clostridium difficile infection，CDI），但科學家也正在研究如何藉此治療難治的神經疾病與冠狀動脈性心臟病。

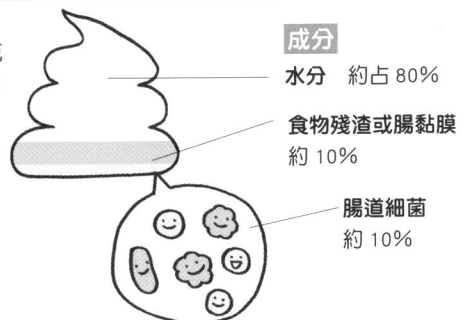

19 為什麼一緊張就會想上廁所呢？

起因是交感神經與副交感神經相互對立！

膀胱的容量依性別和體格而有差異，從250～600毫升都有，平均約為470毫升。以成年人來說，身體一天大約會製造1200～1500毫升的尿液，而膀胱只要積了200～300毫升左右的尿液就會產生尿意。

尿意由調整體內環境的「自律神經」控制，它是一種無法用自身意志控制的神經，分為「交感神經」和「副交感神經」這兩種職責相反的神經，一起維持人體的平衡。

交感神經運作時，膀胱會柔軟地膨脹，直到產生尿意之前容量都會持續擴增，尿道也會收緊。當膀胱裝滿時就會產生尿意，使副交感神經開始運作，於是就輪到膀胱的逼尿肌（detrusor muscle）強烈收縮，促使尿道鬆弛，做好排尿的準備。

可以排尿時，大腦就會命令尿道括約肌鬆弛，開始排尿。然而，**當我們緊張時，自律神經就會失去平衡，即使尿液量比平常少還是會產生尿意，這就是人一緊張就會頻尿的原因。**

而且，膀胱特別容易受到情緒影響，感受到壓力時就會收縮，所以即使尿量少還是會有尿意。

要是養成憋尿的習慣，罹患膀胱炎或腎盂炎的機率就會變高。如果不方便上廁所，就盡量不要喝含有咖啡因（有利尿作用）的飲料，例如咖啡。

還有，從早上起床到晚上睡覺為止，一般人排尿的次數通常是5～7次。如果白天尿了8次以上，晚上尿了2次以上就有可能是頻尿，請向醫師諮詢。

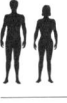

為什麼一緊張就想上廁所？
交感神經和副交感神經失去平衡

緊張時，自律神經會失去平衡，即使尿量少也會有尿意。

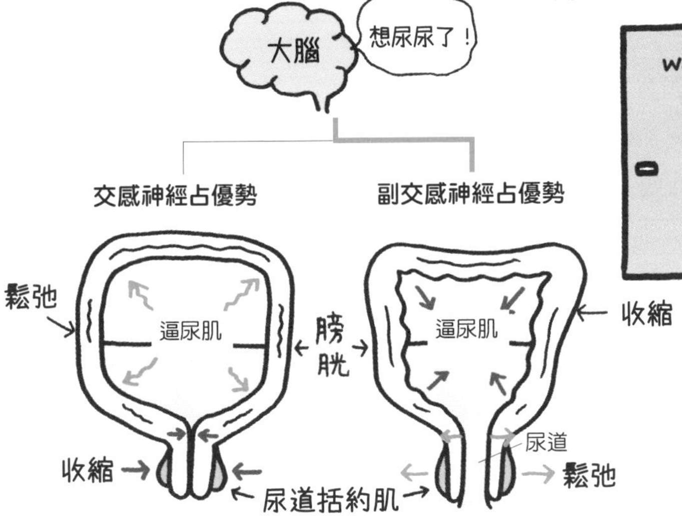

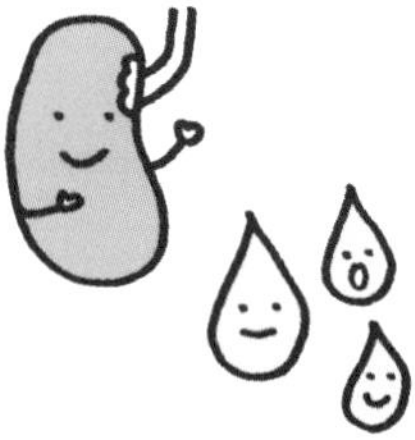

健康的尿液

顏色：呈淡黃色。尿的成分有 90%以上是水，其他則是阿摩尼亞(氨)等老廢物質。

量　：大人一天約為 1.2 ～ 1.5 公升，排尿次數約 5 ～ 7 次(根據飲水量而有所不同)。

氣味：會因為飲食或藥物而改變，但健康的尿液不太會臭，甚至多少有一點香味。

「踏進書店就會想大便」的傳說

人們為了解開這個不可思議的現象而提出許多說法，但終究沒有結論。真像是有那麼回事的說法有：

- 書會讓人放鬆，進而想要上廁所。
- 紙張或墨水的氣味會引起便意。
- 要在書山書海中找到目標書籍會帶來壓力，影響腸胃。

闌尾、脾臟和胸腺等「無用器官」其實是有用的！

闌尾、脾臟和胸腺在過去被稱為是進化過程中退化的無用器官，但目前科學家已經接連揭曉它們其實各自肩負著重要的功能。

例如，闌尾在以往除了闌尾炎（俗稱盲腸炎）發作時就沒有其他機會能彰顯它的存在，但目前已知闌尾內的淋巴組織與製造腸內的免疫球蛋白 A（Immunoglobulin A，IgA）有關，有可能是它在掌控腸內細菌。在實驗中，缺少闌尾淋巴組織的小白鼠，其大腸裡的免疫球蛋白 A 減少，腸道菌叢也發生變化。此外，有報告指出闌尾具有抗癌作用，是人體免疫系統的重要一環，若要維持人體環境的恆常性就少不了它，是個頗受矚目的器官。

另外，脾臟則是能夠破壞並去除老化的紅血球，以幫助血液抗老化的器官，脾臟內也儲存了體內約三分之一的血小板。此外，胸腺雖然會隨著年齡增長而退化，但它能夠製造免疫反應的司令官「T 細胞」，在免疫上肩負著重要的功能。當這些「無用器官」的真面目揭曉，過去的常識就被顛覆了。

第3章

循環與呼吸器官的奧祕

維持生命，對人體的異常做出應變

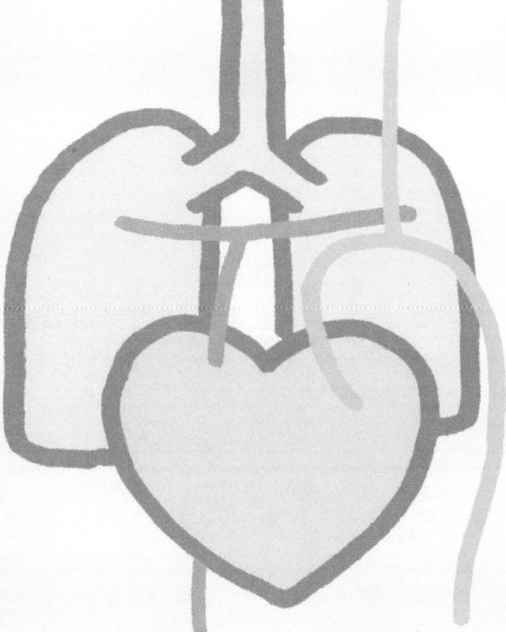

20 心臟要一直工作到死為止，這樣不累嗎？

其實心臟會在我們吐氣時稍微休息一下！

心臟從我們出生到死亡為止，每天大約要跳動（稱為心跳）10萬次，是個負責把血液送往全身的器官。

心臟每跳一次能夠送出60毫升的血液，1分鐘就是5公升，1天累計起來多達4萬罐牛奶瓶的容量（7200公升）。

成年人保持靜止時，心跳大約是1分鐘60～70次，但是心跳並非保持一定的規律，即使乍看之下有規律，但若仔細測量，會發現心跳的間隔約有0.9～1.1秒的些微落差。

每次心跳之間的間隔落差稱為「心率變異」（Heart rate variability，HRV），其特徵是吸氣時速度變快，吐氣時則變慢。其實，心臟會在我們吐氣的這段短時間內「休息」。身體越是健康的人，這段「休息時間」就越長，「心率變異」也有越大的傾向。

吸氣時，心臟必須盡量把許多血液送往肺臟以取得氧氣，**但吐氣時氧氣變少，就不需要輸送那麼多血液，可以趁這時慢下來休息一下以消除疲勞。**這種機制不只人類有，在所有用肺呼吸的動物身上都看得到。

青蛙在蝌蚪時期用鰓呼吸，但是當牠生出腳並且用肺呼吸時，牠的大腦就會長出「疑核」（Nucleus ambiguus）這個造成「心率變異」的部位，心臟也開始配合呼吸來跳動。

就某種意義而言，這僅有0.1～0.2秒的短暫休息時間對心臟而言是不可或缺的，甚至可以說，動物就是因為發展出「心率變異」才得以登上陸地，也是心臟到死之前都能一直跳動的祕訣。

心臟會在吐氣時稍微休息一下！
心跳的間隔變動大約是 0.9 ～ 1.1 秒

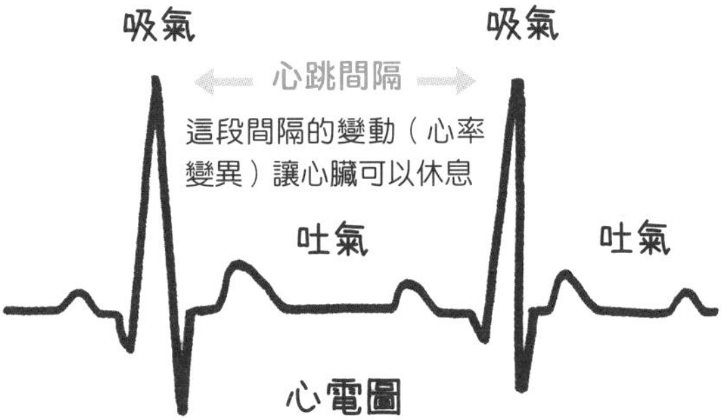

「心率變異」是什麼？
每次心跳的間隔變動。

「心率變異」發生在吐氣時

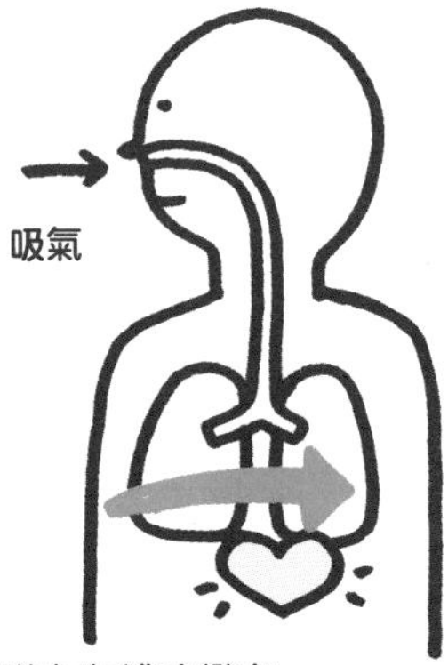

肺部的氧氣濃度變高
心跳間隔變短，心跳和血流都加快，想要得到許多氧氣。

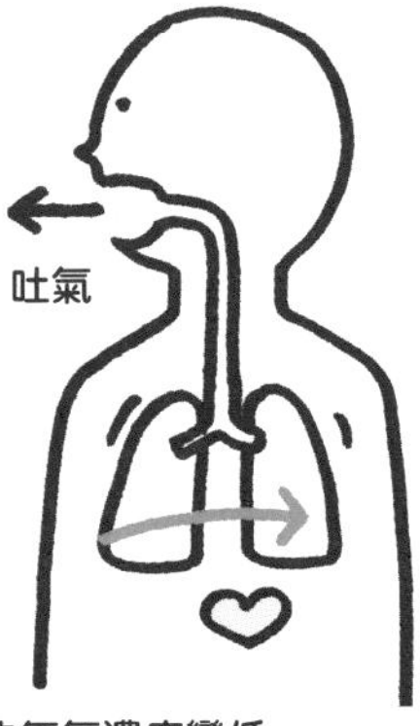

「心率變異」越大的人越健康。

肺部的氧氣濃度變低
心跳間隔變長，心跳和血流都慢下來。心臟會趁這段時間稍微休息以消除疲勞。

心電圖就是心臟的電子訊號

心臟為什麼不必靠意志控制就會自己跳動？

心臟的細胞中約有 1％是「節律點細胞」（Pacemaker cell），它們就像司令官，會藉由放電來命令眾多心肌細胞反覆收縮和舒張。順便一提，心臟擁有獨立的電流系統。

21 心臟為什麼不會得癌症？

心臟細胞從出生起就幾乎不會分裂！

大家都知道癌症（惡性腫瘤）會長在各種部位和組織，但經常有人說：「心臟不會得癌症。」實際上，心臟也會長腫瘤，但原發腫瘤（Primary tumor）的發生率僅有0．02%，而且是惡性腫瘤的機率還只有其中的四分之一，非常罕見。

乘機一提，**惡性腫瘤若長在覆蓋體表的上皮細胞就稱為「癌」，若長在骨頭或肌肉則稱為「肉瘤」（Sarcoma）。而長在心臟（心肌）上的腫瘤即使是惡性的，嚴格來說也不叫做「癌」，而是稱為「肉瘤」。**

心臟不容易長腫瘤的原因有很多種說法，其中之一是源自心臟的特性。心臟是由「心肌」這種特別的肌肉（橫紋肌）組成的，而這種肌肉從出生到死亡都幾乎不會進行細胞分裂。但**由於癌細胞是在細胞分裂時所產生的異常細胞，因此有個假說是「癌細胞在心臟沒有機會增生」。**

此外，心臟是人體中溫度最高的器官，據說心臟產生的熱能占了全身的11%。然而，癌細胞喜歡低溫，在35℃左右最為活躍，到了39℃則會停止增生，超過42℃就會幾乎全部死光。因此，**有個論點是，在溫度高於40℃的心臟，癌細胞即使長出來也無法存活。**

也有人認為，**腫瘤細胞在反覆收縮的心臟上找不到地方依附。**

還有，最新的研究發現，在心臟分泌的荷爾蒙當中，**由心房所分泌的「心房利尿鈉胜肽」（Atrial natriuretic peptide，ANP）可以抑制肺癌在術後轉移，因此科學家認為此物質或許也能抑制心臟本身形成癌症。**

心臟為什麼不容易長腫瘤？
說法有很多種，但真正的機制還不清楚

心臟不容易長腫瘤的原因

心肌細胞幾乎不會進行細胞分裂。

心臟的溫度超過 40℃，癌細胞都被熱死了。

心臟會反覆收縮，讓腫瘤細胞沒辦法依附。

心房所分泌的「心房利尿鈉胜肽」或許可以抑制癌細胞形成。

心臟腫瘤有良性也有惡性，但長出惡性腫瘤（肉瘤）的機率非常低。

癌細胞為什麼很可怕？

- **自發性生長：** 會不正常增生，停不下來。
- **浸潤與轉移：** 癌組織會像滲透般擴大。

- **惡病體質（Cachexia）：** 搶走其他正常組織的養分，使身體衰弱。

癌症的英文為什麼叫做「CANCER」（與螃蟹同名）呢？

最早把癌症比喻成螃蟹的人是古希臘的醫師希波克拉底（Hippocrates），那個年代已經會以外科療法來治療乳癌，並以火把來燒切除癌細胞後的痕跡，他看了素描圖，便寫下「很像螃蟹」的文字紀錄，看來，癌細胞的傷痕大概很像螃蟹的甲殼吧。

22 人類的血管有什麼祕密？

血管為什麼看起來是藍色的？

為了讓血液把養分和氧氣送往細胞，並且回收二氧化碳和老廢物質，我們全身的每個角落都布滿了血管。**血管大致可以分為「動脈」、「靜脈」和「微血管」3類，而微血管占了全部的90%以上。**

出入心臟的大動脈和大靜脈直徑約2．5～3公分粗，血管不斷分岔的同時直徑也越來越細，微血管像網子一樣張開，延伸到身體末端，最細的微血管直徑約為兩百分之一公釐。**若把成年人的所有血管全部接起來大約有10萬公里長，足夠繞地球2圈半。**

順便一提，血液從心臟送出再回到心臟的過程稱為「體循環」，這所花的時間大約是30秒，而血液在大動脈中的流速是1秒／1公尺。此外，血液的重量大約是體重的十三分之一，體重60公斤的人，約有4．6公斤（以血液比重1．055來計算）的血液以全速在體內循環。

另外，你有沒有想過，血液明明是紅色的，但為什麼手腳的血管看起來卻是藍色的呢？

這是因為，**當光的波長不同，眼睛看到的顏色也不一樣。波長較長的光容易被吸收且不容易反射，而波長較短的光則相反。**

紅光的波長較長，藍光波長較短，所以當光透過皮膚和血管壁反射到眼睛，看起來就會藍藍的。

除此之外，流經皮膚表面的血管大部分都是靜脈，其中的血液失去了氧氣而呈現暗紅色，這可能也是血管看起來偏藍的原因之一。

人類血管大調查
所有血管接起來可以繞地球 2 圈半

血液的循環路線

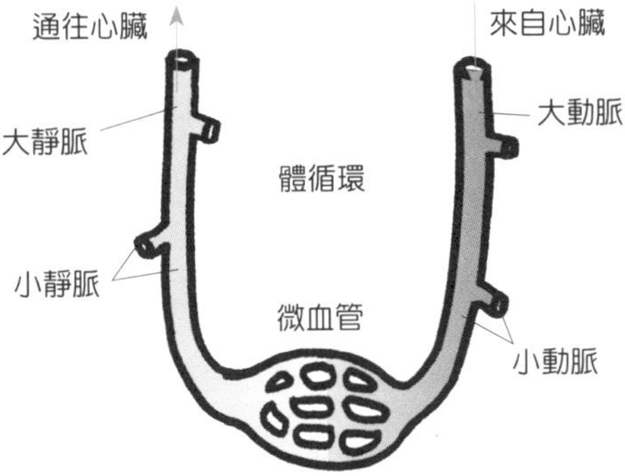

人體透過血管交換氧氣和二氧化碳，運送養分和老廢物質。

比較各種血管

血管的粗度（約略的直徑）與構造

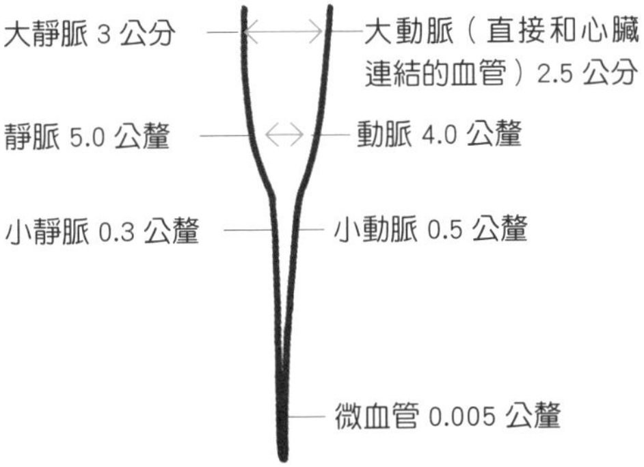

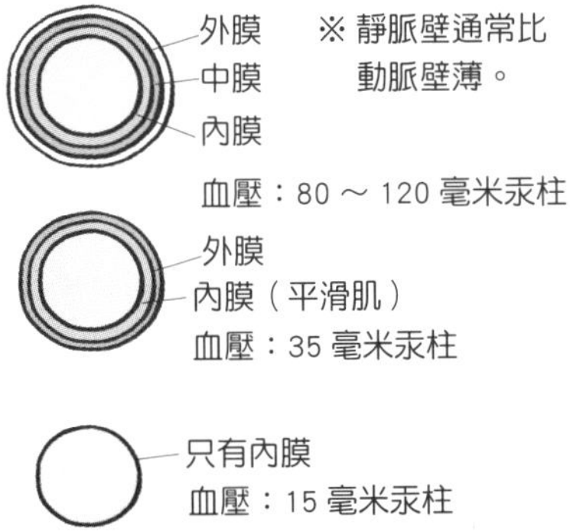

※ 靜脈壁通常比動脈壁薄。

血明明是紅色的，為什麼手腳的血管看起來是藍色？

這和光的波長與容易穿透的程度有關。和紅光比起來，波長較短的藍光比較不容易穿透，照到皮膚表面就會反射到眼睛，因此視覺上容易捕捉到藍色，再加上眼睛的錯覺，看起來就更藍了。

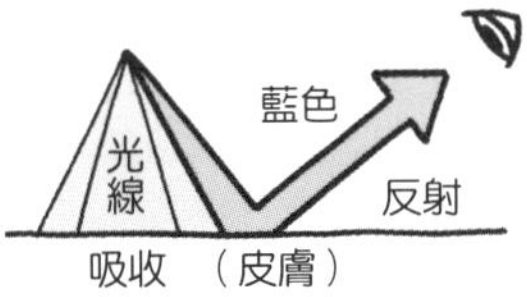

23 循環全身的淋巴和血液在功能上有什麼不同？

淋巴液中的免疫細胞會在人體內巡邏

我們的身體裡不只有血液在流動，還有「淋巴管」**和血管一樣布滿全身，裡面有「淋巴液」在流動。**

淋巴液原本是從血液中滲透出來的血漿。一部分的血液會在身體末梢滲透出微血管，把氧氣和養分送往細胞，其中絕大部分的血液會再回到微血管裡，但約有一成則會進入微淋巴管並匯流，最後進入粗粗的「**胸管**」，流入鎖骨下靜脈（Subclavian vein）。**淋巴管匯流的地方有形狀像蠶豆的節點，稱為「淋巴結」。**

全身大概有八百個淋巴結，約有三百個集中在脖子和其周圍，次多則是分布在鼠蹊部和腋下。另外，淋巴管中有瓣膜，作用是防止淋巴液逆流。由於淋巴系統並沒有像心臟那樣的幫浦在運作，所以淋巴液的流速和血液比起來非常慢，據說一個小時的流量大約只有一百毫升。

淋巴液中的細胞稱為免疫細胞，它們具有免疫功能，能夠擊退病原體或異物，同時也負責回收並排泄體內的老廢物質。

免疫細胞會吃掉病原體來防止它們擴散，例如嗜中性白血球（Neutrophil）、名為「巨噬細胞」（Macrophage）的吞食細胞，以及淋巴球（白血球的一種）都是免疫細胞。淋巴球中包括「自然殺手細胞」（Natural Killer Cell，NK，會攻擊被細菌或病毒感染的細胞）、負責製造抗體的B細胞、會記住曾入侵人體的病原體並加以除去的協助者T細胞（Helper T cell）、抑制性T細胞（Suppressor T cell）與殺手T細胞（Killer T cell），在淋巴液和血液中來來去去。

淋巴結負責過濾並去除淋巴液送來的病原體和老廢物質，功能就像一個「檢查站」，藉此保護我們的身體。

在體內循環的淋巴系統是人體防衛隊！
淋巴系統是指淋巴液、淋巴管和淋巴結組成的網路

淋巴系統的結構

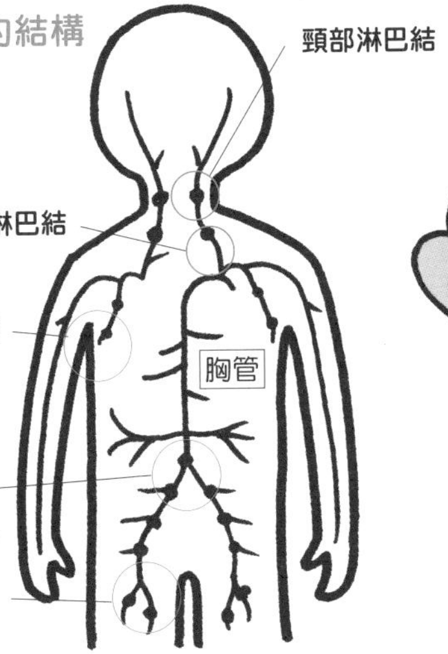

淋巴結是個像檢查站的免疫器官，負責過濾是否有細菌、病毒與老廢物質。

淋巴液的流動

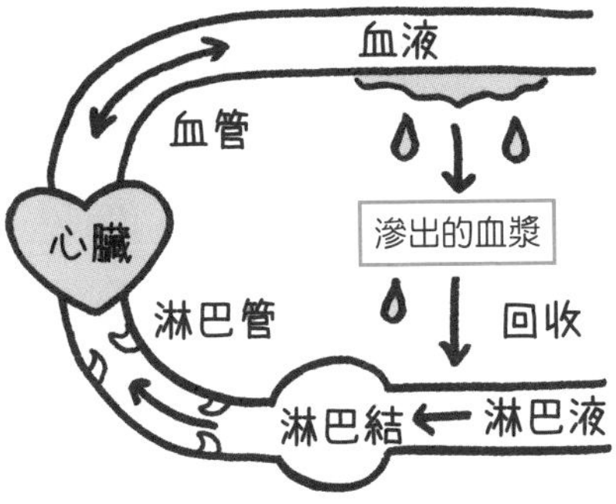

從血管中滲出來的血漿有一部分會被淋巴管回收，變成淋巴液。在淋巴液中含有淋巴球，是白血球的一種，最後會流進鎖骨下靜脈，回到血液裡。

巨噬細胞

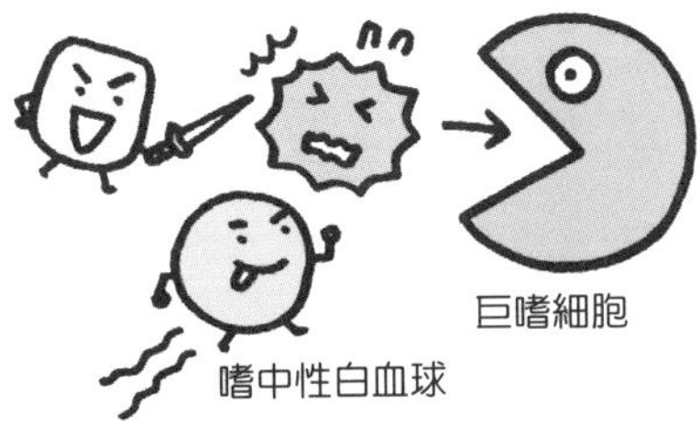

巨噬細胞會在淋巴結等待，捕食被淋巴球擊退的死亡細胞或其碎片，以及入侵體內的細菌等異物，並加以消化。巨噬細胞在身體有外傷或發炎時會很活躍。

存在淋巴球中的主要免疫細胞

NK 細胞

中文稱為「自然殺手細胞」，會在體內巡邏，在發現癌細胞或病毒時加以攻擊。

T 細胞

會記住曾入侵人體的病原體，並將其排出體外。包括協助者 T 細胞、抑制性 T 細胞與殺手 T 細胞。

B 細胞

負責製造抗體的免疫細胞。

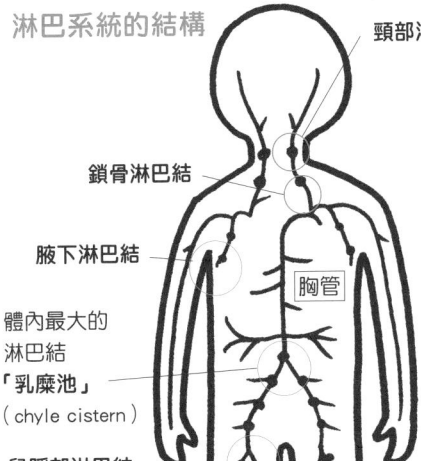

24 每個嬰兒都是假哭高手？

嬰兒的初啼是他開始自主呼吸的證明

媽媽肚子裡的胎兒透過臍帶和子宮內側的胎盤連接，並經由臍靜脈（Umbilical vein）獲得氧氣和養分。這時，嬰兒肺部充滿羊水，所以嬰兒並沒有在呼吸。然而，當嬰兒從肚子裡生出來，臍帶就會被切斷而無法取得氧氣，於是嬰兒便會開始吸進空氣，用肺部呼吸。

儘管如此，要讓肺部膨脹起來需要很大的力量，所以**嬰兒會用盡全力把空氣吸進肺部，並且在吐氣時哭泣，這就叫做初啼（第一聲啼哭）。**

換句話說，嬰兒的初啼是他第一次呼吸，也是他開始用肺部呼吸的證明。

嬰兒之所以能夠馬上改用肺部呼吸，是因為他在媽媽肚子裡練習過。胎兒大約從懷孕28週起就會開始把羊水吸進肺部再吐出來，藉此練習呼吸，這稱為**胎兒呼吸運動（Fetal Breathing Movements，FBM）**。當臍帶被剪斷，陷入氧氣不足、血液中二氧化碳濃度過高的狀態時，腦幹就會發動呼吸反射，促使肺部呼吸。

當嬰兒開始呼吸之後，流經肺部的血液就會增加，血液中的氧氣濃度隨之緩緩上升，使皮膚呈現粉紅色。

人家說：「嬰兒的工作就是哭。」可見他們就是這麼會哭，但出生2到3個月後的嬰兒就算哭也不會流眼淚，因為他們的淚腺和大腦都還不發達。

嬰兒並不是因為寂寞或悲傷而哭，但哭泣是他唯一能使用的溝通方式，藉此讓媽媽知道他是肚子餓或是睏了。

嬰兒在肚子裡是透過臍帶獲得氧氣
從第一次哭泣時開始用肺呼吸

透過「胎兒呼吸運動」練習呼吸

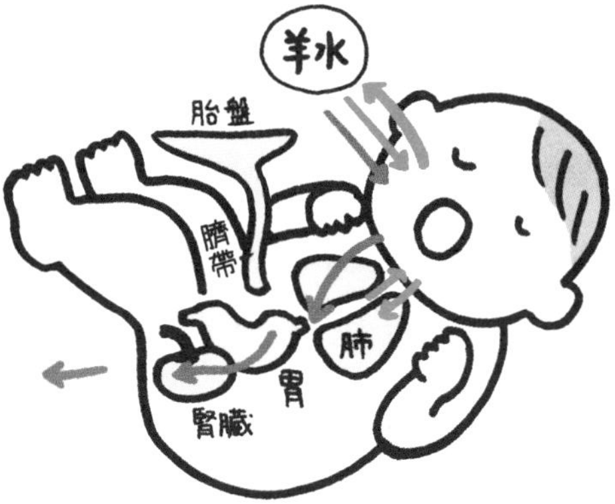

胎兒經由胎盤和臍帶補給氧氣，不是用肺呼吸。到了懷孕第 28 週，胎兒會吸入羊水讓肺部膨脹再吐出，透過這種「胎兒呼吸運動」來練習呼吸。

嬰兒發出初啼的原理
嬰兒從媽媽肚子裡出來後，馬上就會吸入滿滿的空氣，並且在吐氣的同時大聲哭泣，藉此進行第一次肺呼吸，這就是嬰兒的第一聲初啼。

嬰兒哭是為了表達自己的意志！

嬰兒哭泣時沒有眼淚是因為相關功能還不發達

剛出生的嬰兒只會流出保護眼睛的淚液，他的淚腺和大腦功能都還不發達，所以即使哭也沒有眼淚。雖然有個人差異，但一般來說，嬰兒在出生後 3 到 4 個月就會漸漸產生悲傷或開心的情緒。到了 6 個月大左右，嬰兒的智力會大幅進步，開始懂得「假哭」，主要的動機是想要吸引爸爸或媽媽的注意，只要抱他就馬上不哭了，這種哭法的特徵是他們會觀察爸媽的舉止而哭，是一種撒嬌的哭法。

25 有花粉症和沒有花粉症的人差別在哪裡？

花粉量、體質和免疫力的平衡是關鍵！

每到花粉飛舞的季節，例如春天的杉樹和檜木或秋天的豬草生長時，「**花粉症**」就會發作。這種病就如同字面所示，是**人體為了排出花粉而出現過度的免疫反應**，是季節性的「**過敏性鼻炎**」。

過敏性鼻炎是這樣的：當鼻腔黏膜接觸到過敏原（Allergen，導致過敏的因子，也就是杉樹等植物的花粉）時，淋巴球就會製造名叫「IgE」的抗體，並且讓抗體附著在肥大細胞上。之後，**當花粉再度入侵人體時，肥大細胞就會釋放「組織胺」（Histamine）等化學傳導物質，引起流鼻水、鼻塞、打噴嚏、眼睛癢等主要症狀**。

感冒也會出現類似的症狀，但相較於感冒症狀大約一週就會消失，過敏性鼻炎會一直持續到花粉季節結束，還會出現眼睛癢或喉嚨癢等症狀。此外，過敏性鼻炎有個特徵是自律神經失調會導致打噴嚏和鼻塞症狀在早晨嚴重發作，日式英語將此稱為「morning attack」（晨間來襲）。

有時候，某人原本沒有花粉症，到了某一年卻突然發作，關於發作的原因，過去有個「**水桶理論**」很有名，它主張，當累積在「水桶」裡的過敏原超過一定的容量時，花粉症就會發作。然而，**近幾年的醫學研究則是以「天平理論」為主，也就是花粉量、天生的體質、飲食、壓力與抵抗力（免疫力）是否達成平衡**。

根據「天平理論」，依照時間地點不同，花粉量多或壓力大而導致健康狀況差時比較容易出現症狀。相反地，當花粉量低於人體的抵抗力就不會有症狀，但花粉量與免疫力失去平衡時，花粉症就會發作。此外，過敏體質的人特別容易罹患花粉症，必須做好健康管理。

會不會得花粉症的關鍵原因是什麼？
取決於花粉量、體質、飲食、壓力和免疫力是否平衡

引起花粉症的原理

IgE 抗體附著在肥大細胞上
打噴嚏
流鼻水

花粉（過敏原）從眼睛或鼻子入侵。

淋巴球製造 IgE 抗體。

釋放出導致症狀出現的組織胺等化學物質。

從「水桶理論」到「天平理論」

水桶理論

當桶子裡逐漸累積的過敏原超出容量時，花粉症就會發作。

水桶理論的矛盾之處

- 若水桶理論正確，就表示花粉症一輩子都治不好。然而，如今只要進行將過敏原投在舌下的「舌下免疫療法」（Sublingual immunotherapy，SLIT），治癒率很高、也很有效。
- 光是用花粉量多寡的理論，無法解釋為什麼某幾年症狀特別輕微或嚴重。

天平理論

當花粉量、體質、飲食、壓力和免疫力失去平衡時，花粉症就會發作。

可怕的「過敏性反應」是什麼？

最嚴重的過敏反應稱為「過敏性反應」（Anaphylaxis），會同時發生全身起蕁麻疹以及呼吸有喘鳴聲等兩種以上的嚴重症狀，若是連血壓都降低且意識不清，就稱為「過敏性休克」，有些案例甚至有生命危險。

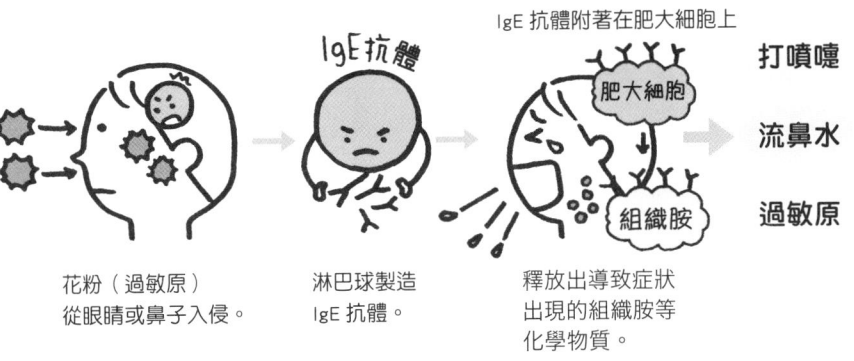

26 南極超冷卻不會讓人感冒，為什麼？

感冒病毒禁不起南極的低溫

我們俗稱的感冒，其正式名稱為「急性上呼吸道感染」，用來統稱喉嚨痛、流鼻水、咳嗽等呼吸道急性症狀，有時還會伴隨發燒。**感冒大約有90％以上是病毒造成，剩下的則是細菌感染引起，而引發感冒的病毒多達好幾百種。**

當天氣變冷，感冒病毒會比較活躍，所以容易感冒，但人類待在南極這種極寒之地卻不會感冒，這是**因南極曾創下低於零下97℃的超低溫紀錄，感冒病毒和細菌在那裡無法生存，會全部死光。**

光是天氣冷是不會感冒的，但人若長時間待在南極，對病毒的抵抗力就會變弱，回國後馬上就會受到感染而感冒。

感冒時之所以會發燒，是因為身體想要透過發燒來抑制在低溫下容易繁殖的病毒。我們的體溫通常維持在37℃左右（日本人的體溫平均值是36.98±0.34℃），但若是感染了病毒，大腦中下視丘的「體溫調節中樞」就會下令提高體溫，促使皮膚表面的汗腺關閉、血管收縮來防止散熱，把熱能留在體內。此外，發燒還能夠促進白血球運作，活化免疫力。

發燒時之所以會發冷、發抖，是為了抖動肌肉來產生熱能。當病毒越強大，人體就越會提高體溫來加強免疫力，因此罹患流感時會發燒得比感冒更嚴重。當人體靠發燒擊退病毒時，體溫調節中樞就會下令降溫，透過流汗來散熱。

南極很冷，但為什麼不會讓人感冒？
極低溫會讓感冒病毒死光

發燒就是人體正和病毒奮戰的證據。

雖然感冒病毒喜歡低溫和低溼度，但是南極太冷了！

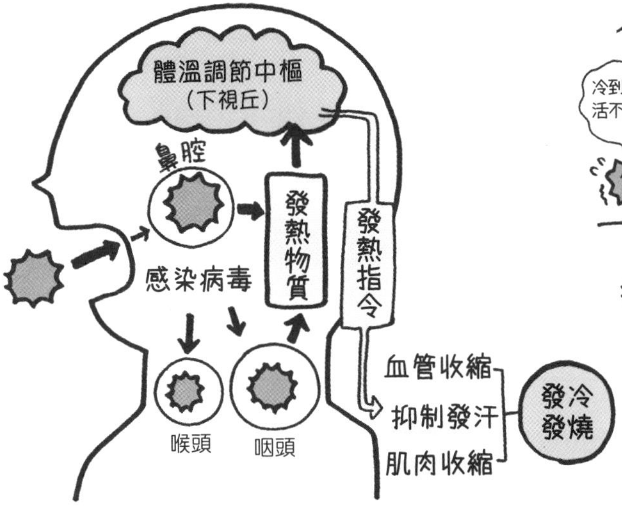

「極寒之地」南極
- 南極內陸的年均溫是零下 57℃。
- 靠近海岸的昭和基地[2]為零下 10.5℃

＊曾創下零下 97.8℃的史上最低溫。

發燒的原理

感染病毒時，「體溫調節中樞」會下令提高體溫，並且促使皮膚表面的汗腺關閉、血管收縮，藉此把熱能留在體內。發燒能夠促進白血球活動，活化免疫力。

小孩和年長者要特別小心流感！

流感是流感病毒造成的。

	感冒	流行性感冒
症狀	打噴嚏、流鼻水、喉嚨痛	除了感冒症狀，還會關節疼痛、肌肉疼痛和發冷
病程	緩慢	迅速
發燒情況	通常只有輕微發燒	高燒（超過 38℃）

譯註 2：日本位於南極的觀測基地。

27 打噴嚏是為了什麼？

是為了防止空氣中的異物入侵

打噴嚏是人體一種反射性的防禦反應，目的是為了不讓空氣中的異物進入體內。當灰塵或病毒附著在鼻黏膜上時會造成刺激，透過神經傳導到肌肉，使肺部與腹部之間的橫隔膜收縮，進而吸入空氣，接著再一口氣把空氣呼出，把異物和空氣一起排出體外，這就是打噴嚏。

除了灰塵和病毒之外，造成過敏性鼻炎的過敏原也是打噴嚏的原因之一。還有，從昏暗的室內走到陽光下時，有時也會受強光刺激而打噴嚏，這稱為「光噴嚏反射」（Photic sneeze reflex）。

最近的研究發現，打噴嚏還具有清潔鼻腔的功能，讓它回到原本乾淨的樣子。

此外，據說噴嚏的初速竟然高達時速320公里[3]（有各種實驗結果），和日本國內最快的東北新幹線（隼鳥號行駛於宇都宮到青森之間的速度）一樣快。而且，**打噴嚏時唾液飛散到周圍的時速為30公里，最遠甚至可以飛到3至4公尺外。**

感冒或流感病患咳嗽一次會散播大約10萬個病毒，打噴嚏時會釋放出大約200萬個病毒。為了避免飛散的唾液造成「飛沫感染」，藉由戴口罩來防止病毒擴散是很重要的。

另外，在初春或秋天時，明明沒有感冒，也非花粉症，卻打噴嚏、流鼻水或鼻塞，這有可能是**「溫差型過敏」**。

血管在寒冷時會收縮，炎熱時會擴張，但溫差太大時（差了7℃以上），血管收縮的速度會跟不上，導致自律神經失調，這稱為「血管運動性鼻炎」（Vasomotor rhinitis）。

譯註3：以台灣高鐵來說，最快時速可達300公里。

打噴嚏是身體為了排出空氣中異物的反射性防禦反應
原因在於過敏、強光刺激和溫差

打噴嚏的原理

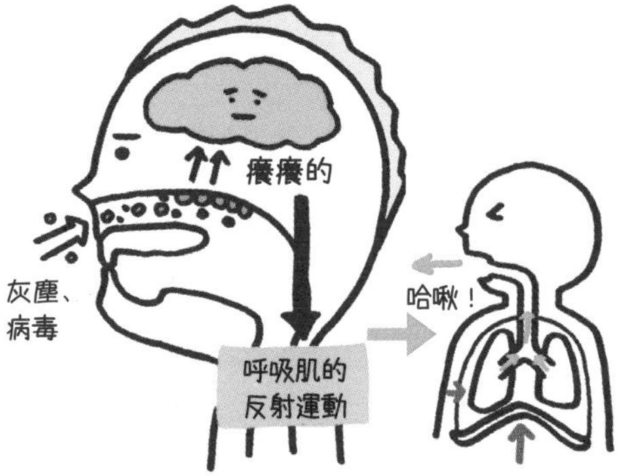

打噴嚏的成因

當過敏原附著在鼻黏膜上，就會對神經造成刺激，進而命令呼吸肌做出反射運動，使橫隔膜鬆弛，把空氣迅速擠壓出來，形成噴嚏，將黏膜上的過敏原抖落。

噴嚏的驚人威力

- 噴嚏的初速高達時速320公里，和東北新幹線一樣快。

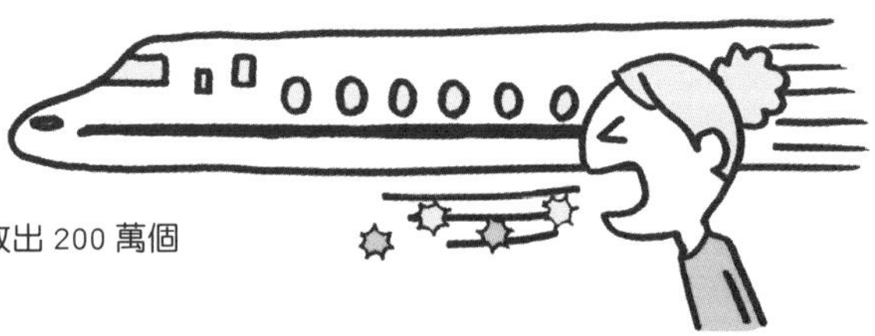

- 打一次噴嚏大約會釋放出 200 萬個病毒（有各種說法）。

最遠可以飛到 4 公尺外。

要小心噴嚏的飛沫！

噴嚏的飛沫含有灰塵和病毒，最遠能夠飛到 4 公尺外。一般認為，飛沫能夠在空中停留 45 分鐘左右，其中含有的病菌傳染力視飛沫生成的地方、病菌種類與量而定，有些病菌經過 10 秒就會減半，但也有些病菌要經過 10 分鐘以上才會減少。

聽診器究竟是用來聽什麼的呢？

聽診器是醫師或護理師用來聽病患體內的聲音，藉此幫助診斷的工具，主要是用來聽心音、呼吸音、動脈音、腸鳴音或胎兒的心音等等。聽心臟的聲音能夠預先察覺瓣膜疾病、心臟衰竭或先天性畸形的可能性，從呼吸音的差異則可推測出肺炎、肺積水和氣胸等。不過，有時候聲音和症狀不一定一致，例如病患明明已經呼吸困難了，但呼吸音聽起來卻很正常，或是肺部聲音已經異常，但病患卻若無其事。聽診在過去被視為專業技能，但最近也有數位化的聽診器，能夠錄下聽診時聽到的聲音，並儲存、分享檔案。

聽診器是很重要的工具，能在做檢查之前先掌握病患的健康狀態，聽診這件事本身也能讓病患感到安心和滿足，具有很大的貢獻。

另外，醫師使用的聽診器在穿戴時，聽診頭（chest piece）通常會在肚臍附近，但護理師使用的聽診器通常比醫師用的還要長，讓他們在測量血壓時可以和病患保持距離。

第4章

感覺器官的奧祕

負責捕捉各種訊號

28 眼淚和鼻水的真面目是「無色」的血液！

喜極而泣和後悔的淚水為什麼味道不同？

「淚液」由上眼皮外側的「淚腺」製造。

血液會從淚腺周圍的微血管溢出，但是血球（包括紅血球、白血球和血小板）無法通過淚腺，**只有血漿這種液體成分能夠滲透，形成淚水。**

其實，鼻黏膜所分泌的鼻水，成分也是血漿。

眼淚和鼻水之所以是無色透明，是因為裡面不含讓血液呈現紅色的紅血球，但除了血球以外，眼淚和鼻水的成分幾乎和血液一樣，可說是**「無色的血液」**。

鼻黏膜上有個洞叫做「鼻腺」（Nasal gland），鼻水就是鼻腺分泌的黏液及從血管跑出來的滲透液（血漿）。當鼻子捕捉到感冒病毒或過敏原等異物時，大腦會下令趕走異物，所以會流出大量鼻水。

眼睛和鼻子之間有一條叫做「鼻淚管」的管子連著，哭泣時之所以會流鼻水，就是因為名叫「淚點」的小洞無法吸收全部的淚水，所以變成鼻水從鼻子流出來。

眼淚的分泌有三種，**「基本分泌」**能夠防止眼睛乾燥、沖掉異物，並且透過眨眼讓淚水化為血液，把氧氣和養分送到眼睛表面；**「反射性分泌」**是指有灰塵跑進眼睛或切洋蔥時反射性流出的淚液，而**「情緒性分泌」**則是傷心或開心時流的眼淚，目前已知，當情緒不同，眼淚的味道也不一樣。

舉例來說，生氣或悔恨時交感神經處於優勢，這時的眼淚含有許多鈉，所以嘗起來鹹鹹的。相較之下，開心或難過時的眼淚則因為副交感神經占優勢，有種像水一般甘甜的味道。此外，**悲傷和感動時，被稱為「壓力荷爾蒙」的皮質醇（Cortisol）會隨著淚水一起排出體外**，所以大哭一場之後會感到神清氣爽。

眼淚和鼻水都含有血液中的成分「血漿」
眼睛和鼻子之間以「鼻淚管」相連

- **眼淚**是從淚腺內微血管滲透出的血漿，不含血球。
- **鼻水**由鼻腔分泌的黏液及血管滲出的血漿混合而成。

眼淚和鼻水的機制

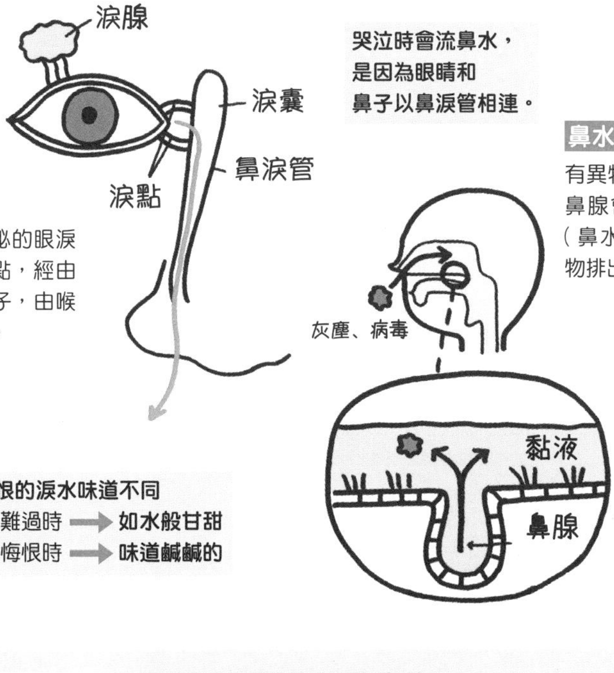

哭泣時會流鼻水，是因為眼睛和鼻子以鼻淚管相連。

眼淚
由淚腺分泌的眼淚會進入淚點，經由淚囊和鼻子，由喉嚨再吸收。

鼻水
有異物進入鼻腔時，鼻腺會製造分泌物（鼻水），藉此將異物排出。

開心與悔恨的淚水味道不同
- 開心或難過時 → **如水般甘甜**
- 生氣或悔恨時 → **味道鹹鹹的**

鼻屎是優質的細菌寶庫？

鼻屎是鼻毛和黏膜捕捉粉塵與病毒所形成的固狀物。哈佛大學的研究者曾發表一項驚人的研究結果，發現鼻屎是優質的細菌寶庫。然而，科學還沒有證明吃鼻屎是否對健康有好處，但挖鼻孔恐怕會造成傳染病的接觸感染，所以還是不要挖比較好。

29 冷、害怕和感動時為什麼會起雞皮疙瘩？

雞皮疙瘩是人類從前體毛濃密所遺留的產物

感到寒冷或恐懼時會起雞皮疙瘩，這是一種名叫「豎毛肌」的肌肉引起的。

當大腦感到寒冷或害怕，交感神經就會起作用，促使毛根附近的豎毛肌收縮，拉扯毛髮使其倒豎。在此同時，皮膚也會稍微受到拉扯而產生細小的突起，這就是雞皮疙瘩。

雞皮疙瘩原本是恆溫動物為了保持一定體溫而發生的生理現象，就好比鳥類冬天時會把羽毛蓬起，讓羽毛之間保有一層空氣，藉此保護身體不受冷空氣侵襲。然而，人類的體毛在進化過程中退化，無法像其他動物一樣用長長的體毛覆蓋全身。由於雞皮疙瘩的效果只是一時的，因此有人認為它其實是人類從前體毛濃密時遺留的產物。

此外，豎毛肌屬於無法靠自身意志控制的不隨意肌（Involuntary muscle），由交感神經掌控，除了發冷時之外，感到恐懼或感動時也會起雞皮疙瘩就是基於這個原因。**情緒高昂時，交感神經會受到刺激並分泌腎上腺素這種荷爾蒙，對豎毛肌起作用，貓咪在面臨危機時，毛會倒豎也是同樣的原理。**

順帶一提，由於豎毛肌沒有副交感神經，所以人在放鬆狀態下不會起雞皮疙瘩，大多數情況下都發生在腎上腺素活躍分泌時。

另外，有人說不管天氣多冷，臉部都不會起雞皮疙瘩，但這是錯誤的。我們臉上也有豎毛肌，所以會起雞皮疙瘩，但因為臉部的血液循環原本就很好，不太怕冷，再加上體毛和豎毛肌退化，所以就算起了雞皮疙瘩也不明顯。

會起雞皮疙瘩是因為豎毛肌收縮
它是一種藉由關閉毛孔來避免外界刺激的防禦本能

毛孔周圍的皮膚出現一粒一粒的突起，樣子看起來很像雞皮，所以稱為雞皮疙瘩。

起雞皮疙瘩的原理

平時的豎毛肌

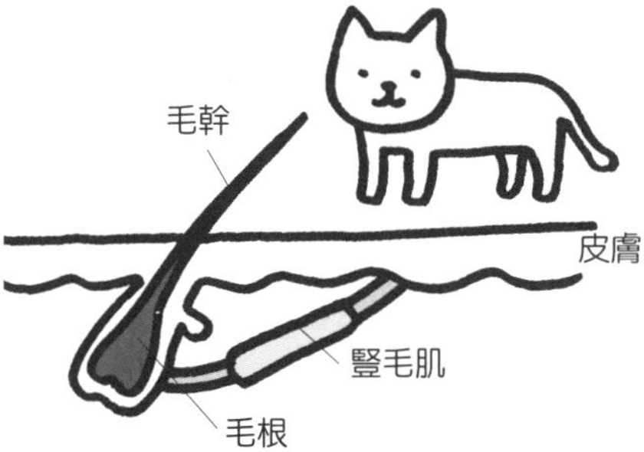

起雞皮疙瘩時的豎毛肌

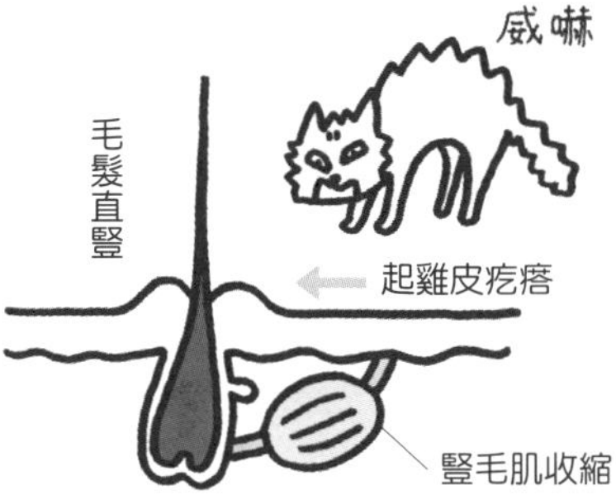

當大腦感到寒冷、恐懼或感動，交感神經就會起作用，使毛根附近的豎毛肌收縮，拉扯毛髮使其倒豎，同時也將皮膚稍微向上拉扯，形成小小的突起，這就是雞皮疙瘩。

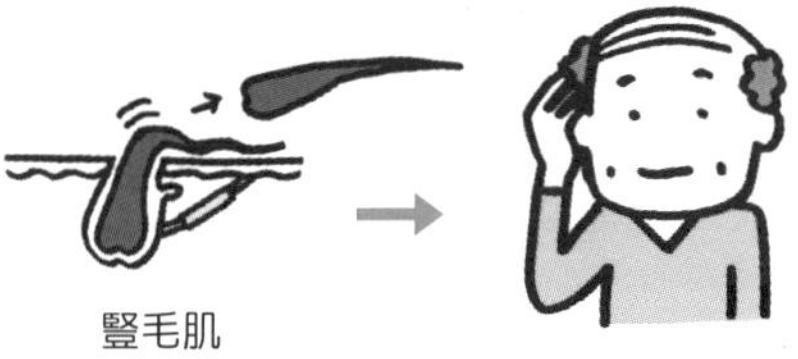

當豎毛肌衰退，就可能會掉髮或禿頭

當豎毛肌隨著老化而衰退，頭髮就會變塌。要是放著不管，毛孔就會變形，造成頭髮掉落、變細或髮量變少，給人顯老的印象。

30 人的眼睛是怎麼看到東西的？

人眼比超高性能的相機更厲害

人眼的構造和相機很像。**我們可以把眼皮比喻成鏡頭的蓋子或快門，角膜和水晶體則是鏡頭，虹膜中間的瞳孔是光圈，視網膜則是底片（或感光元件）。**當影像映照在前方的角膜和水晶體上面，並且對焦在位於後方的視網膜上，我們就能看到東西，這樣的原理和相機一樣。

焦距可以透過水晶體改變厚度來自動調整，而相機則是將鏡頭的位置前後水平移動來調整焦距。那麼，如果把人類的眼睛比喻成相機，規格大約是如何呢？

以視角來說，50公分的標準鏡頭最接近人眼能看到的視野角度。

據說，如果硬要把表示照片畫質的「像素」套用在人類的眼睛上，人眼能看到的畫質大約有5億7600萬像素。但是，人眼看得清楚的部分只有中央凹（Fovea centralis）接收光線處，它在視野中心大約只占了2度左右的範圍，其周圍僅止於「感知」的程度，像素大約在700萬上下而已。順帶提及，最近的相機已有越來越多機種超過2000萬像素。

此外，就ISO（感光度）而言，目前已知人眼在晚上的感光度是白天的600倍。假設人眼在陽光下的ISO值是25，那麼人眼在暗處的ISO值就是15000。

相機的ISO值越大，噪點（雜訊）就越明顯，而相機的ISO值到12800就是極限了，但若是換成人眼，由於大腦會「腦補」影像，所以可以忽略雜訊，白平衡（適度重現白色的功能）也能夠由大腦隨時調整。此外，人眼能把進入左右兩眼的影像合而為一，所以能看出立體感，比超高性能的相機更加優秀。

眼睛的構造和相機很像！
水晶體就像相機的鏡頭，視網膜則是底片

比較人眼與相機的構造

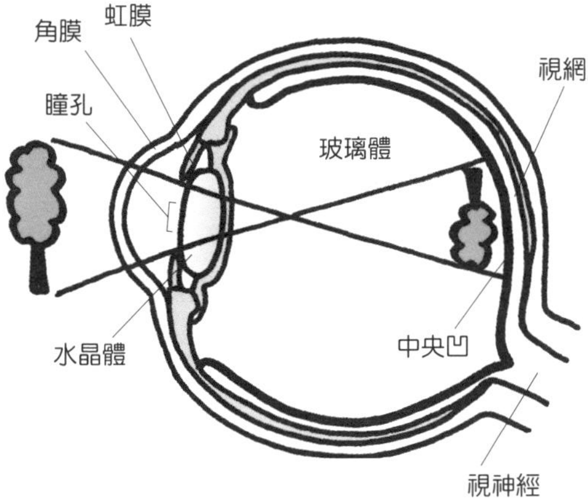

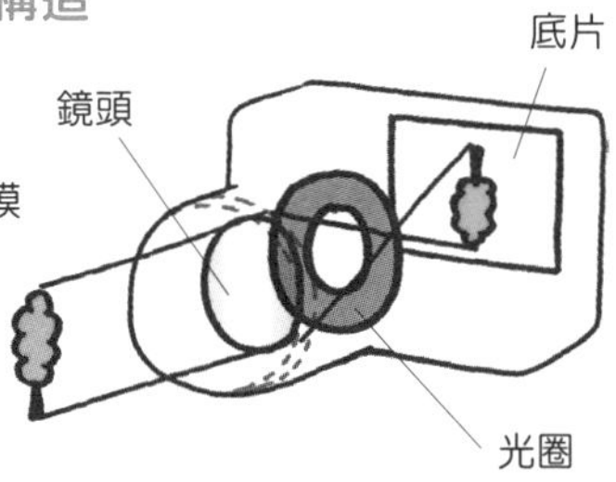

- **調整焦距：由角膜與水晶體負責。相機則是靠鏡頭調整。**
- **調整曝光：由虹膜和瞳孔負責，相機則是用光圈調整。**
  把進入相機的光量以數值表示，就成了 F 值。
- **成像：視網膜，相當於相機的底片。**
  視網膜上的成像是倒立的，但大腦會把它轉正。

人眼為什麼能看出東西的立體感（3D）？

人類的左眼和右眼大約距離 5 ～ 6 公分（兩眼視差），看東西的角度不同，所以看到的影像也不一樣，但是大腦會把兩者合而為一，變成立體的影像。3D 影片就是利用眼睛的這個原理，用兩台攝影機拍攝而成。

要早點處理「智慧型手機老花眼」！

最近有越來越多年輕人出現和老花眼同樣的症狀，例如看不清楚手邊的文字。老花眼起因於水晶體彈性變差，調節能力不佳，是一種好發於 40 ～ 45 歲左右的症狀。年輕人的症狀是手機看太久所引起，只是一時的，但也有人持續滑手機而導致病情加重，需要盡早處理。

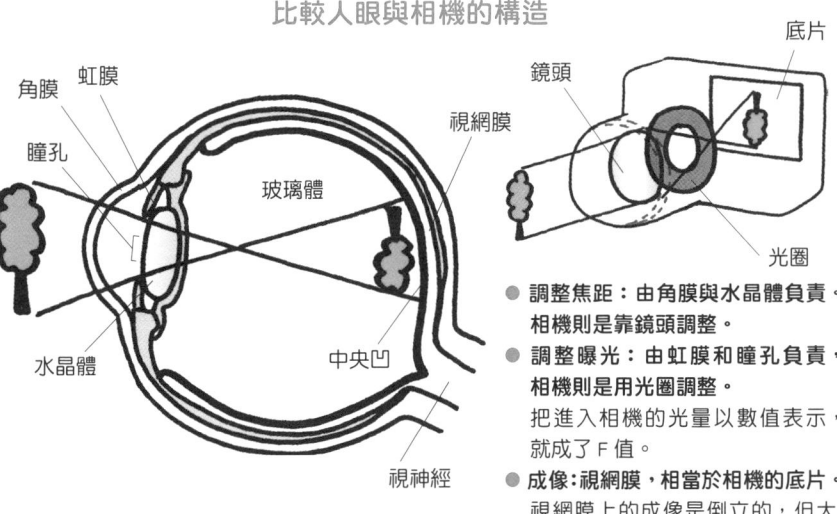

31 為什麼不同人種的膚色、眼珠顏色和髮色都不一樣？

原因在於黑色素、人類的進化和環境變化

人類的膚色、髮色和眼珠顏色取決於黑色素，若依黑色素的含量由多排到少，依序為黑髮、金髮（褐髮）和白髮，至於膚色則是黑、黃、白。

據說，不同人種的黑色素含量之所以不同是受到紫外線的影響，在日照量多和日照時間長的地區，為了保護皮膚、頭髮和眼睛不受太陽光中的紫外線傷害，人體會大量分泌黑色素。

曬過太陽後過了幾天皮膚會變黑，這就是黑色素增加的證據，也是人體藉由黑色素暫時保護細胞不受紫外線傷害的生理反應。

此外，平常被我們視為「眼珠顏色」的部位，其實是瞳孔（黑眼珠）周圍的虹膜顏色，而虹膜的顏色也取決於黑色素。

黑色素多時，光的波長容易被吸收，使虹膜的顏色看起來比較深，像是黑色或褐色。相反地，在日照量較少的歐洲，居民們眼珠的黑色素比較少，導致光的波長不容易被吸收而反射，於是眼珠看起來就呈現明亮的藍色或綠色。

當眼珠顏色比較淺時，光線也較為容易通過，讓人感到刺眼。歐美人士經常戴太陽眼鏡不只是因為時尚，也是因為眼珠的黑色素較少，對光很敏感。

膚色、髮色和眼珠顏色的差異，基本上是人類進化所衍生的產物。

在非洲，由於強烈的紫外線直射，非洲人便獲得含有許多黑色素的黑色皮膚，以免致癌。相較之下，在日照量少的歐美地區，人體則會減少黑色素的分泌量，像這樣，人類順應不同地區的環境，在漫長的年月中演化出不同人種。

人類的膚色、髮色和眼珠顏色取決於黑色素
黑色素越多就顯得越黑，越少就越白

皮膚變黑的原理

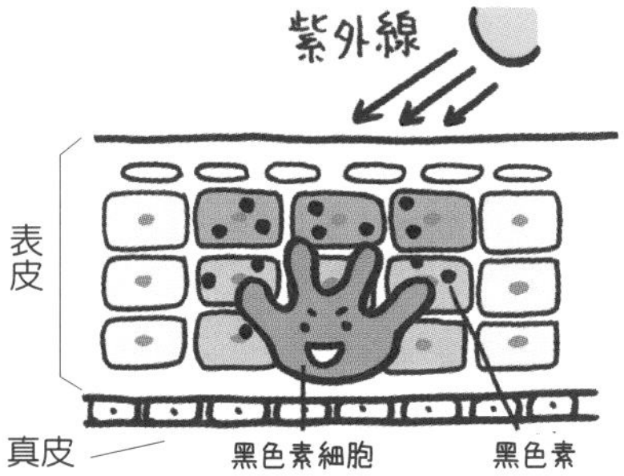

當皮膚曬到紫外線，黑色素細胞（Melanocyte）就會製造讓皮膚顯黑的黑色素。黑色素的作用是保護真皮不受紫外線傷害，但如果分泌過多，就會在皮膚上形成斑點。

黑色素越多就越黑，越不怕紫外線。

黑色素越少就越白，越怕紫外線。

黑色素與髮色、眼珠顏色的關係

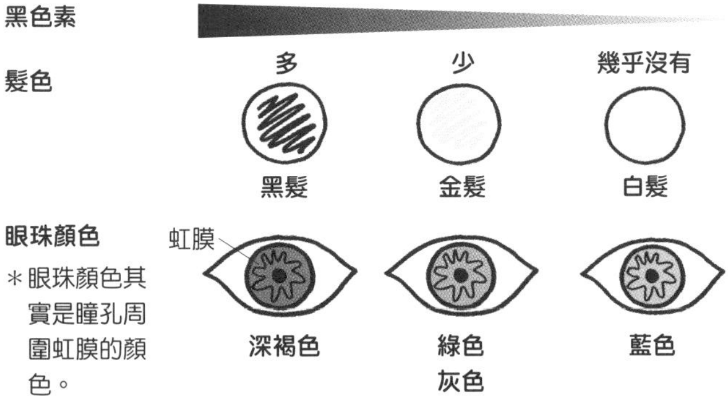

上了年紀之後，人體製造黑色素的能力會退化，導致頭髮變白。

＊眼珠顏色其實是瞳孔周圍虹膜的顏色。

虹膜辨識系統連同卵雙胞胎都能分辨！

虹膜上的細小紋路是一種皺摺，大約在出生後 2 年就會停止生長，從此不再變化。人類左右眼的虹膜紋路不同，就連同卵雙胞胎的虹膜也不一樣，將虹膜的紋路數位化，藉此來辨別身分的方法叫做「虹膜辨識」，正確度遠比指紋認證和人臉認證還要高。

32 為什麼鼻孔要有2個？

永遠有一邊的鼻孔在鼻塞，並輪流負責呼吸

在人體中，眼睛、耳朵和手腳都各有兩個並左右對稱，位於臉部中央的鼻子雖然只有一個，但鼻孔卻有兩個，這不是外觀的問題，而是有非常深奧的原因。

鼻子深處有名叫「鼻甲」（Nasal concha）的膨起，這裡有許多微血管聚集，每過幾個小時就會換邊，輪流充血並膨脹。當某一邊的鼻甲膨脹時，空氣就不容易通過那邊的鼻孔，因此**我們實際上是透過左右鼻孔輪流呼吸的**。

鼻子的這種節能現象稱為「鼻週期」（Nasal cycle），會發生在八成的人身上，由自律神經控制。

人體發生「鼻週期」現象的原因有很多說法，其**中一個假說認為這是為了讓其中一邊的鼻孔休息，藉此節省消耗在呼吸上的能量。**

左右鼻孔分別對應到左肺和右肺，防止大量空氣進入氣管，並且把空氣調節到適合肺呼吸的溫度和溼度。當外面的冷空氣進入鼻腔時，鼻甲的血管就會膨脹，讓通過的空氣變暖；當乾燥的空氣進入時，則會分泌黏液來潤濕空氣。

此外，人類鼻子能分辨的氣味比想像中更多。

在過去，科學家以為人類擁有大約一千種嗅覺受器（Olfactory receptors），能夠分辨幾十萬種氣味物質，但近年有新的研究發表，證實人類至少能夠聞出一兆種氣味。我們之所以能辨認氣味，是靠鼻子聞出空氣中的浮游物質。順道一提，狗的嗅覺靈敏度大約是人的一百萬倍。

就連不容易分辨的氣味，也能透過讓空氣緩慢通過塞住的鼻孔來幫助識別，能夠聞出更多種氣味。因此，鼻孔有兩個其實是有重要原因的。

人類永遠有一邊的鼻孔在鼻塞！
原因有各種說法，但真相還不清楚

其中一邊鼻孔塞住了

（這會發生在八成的人身上）
鼻甲是個被黏膜覆蓋的皺摺，它會膨脹起來，把其中一個鼻孔塞住。大約每過 1 ～ 2 個小時就會換邊呼吸，使空氣通過的路徑開開關關。

單邊鼻塞的理由有各種說法！

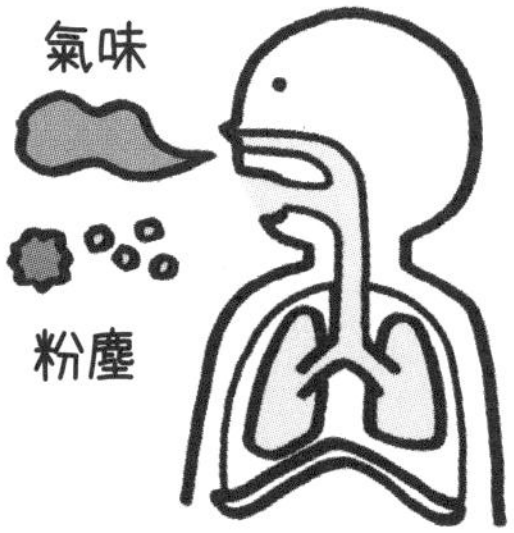

- 讓單邊鼻孔休息，藉此節省花費在呼吸上的能量。
- 用塞住的鼻孔來慢慢分辨難以識別的氣味。
- 防止病毒和細菌入侵。

如果鼻孔只有一個會怎麼樣？

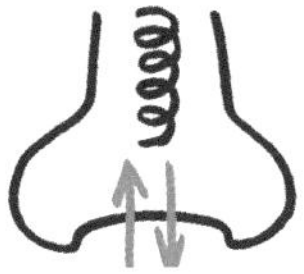

- **會很難呼吸**
  鼻子裡會產生螺旋狀的亂流，就會難以呼吸。
- **難以分辨多種氣味**
  若要分辨一兆種氣味，對一個鼻孔來說負荷太大，功能會變差。
- **不容易去掉灰塵粒子**
  黏膜的面積越大，就越能去除空氣中的粉塵，所以要用「鼻中隔」分出兩個鼻孔，藉此擴大面積。

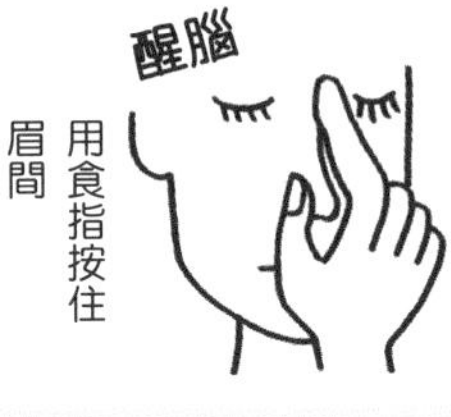

用「單鼻呼吸法」來調節自律神經吧！

「單鼻呼吸法」的步驟（重複五次）

① 用拇指按住右邊鼻孔，以左邊鼻孔慢慢呼氣。
② 慢慢吸氣之後，改用中指按住左邊鼻孔。
③ 接著，放開拇指，用右邊鼻孔慢慢呼氣。
④ 吸氣，用拇指按住右邊鼻孔，再放開中指。

33 花式溜冰選手為什麼不會頭暈？

不斷練習之後，大腦會分泌神經物質來助一臂之力

人類能夠保持平衡，都多虧了耳朵裡的「三半規管」（三個半圓形的「半規管」）和「前庭」，然而，當人旋轉時，三半規管會感受到身體正在旋轉。

三個半規管中都有淋巴液和名為「頂蓋」（Cupula）的感覺細胞，「頂蓋」上有許多伸長的纖毛，當人體旋轉時，淋巴液的流動和頂蓋的晃動會從前庭神經傳導到大腦，讓我們感覺到自己在旋轉。然而，我們的眼球卻會反射性地朝相反的方向旋轉，這是為了讓眼睛在頭旋轉時看到的影像不晃動，但當身體持續旋轉，眼球就會跟不上而開始痙攣，發生**「眼球震顫」（Nystagmus）**的情況。即使身體停了下來，淋巴液卻不會同時停止流動，依舊持續傳送「身體在旋轉」的訊號，讓眼球繼續轉動而感到頭暈目眩。

芭蕾舞中有個不讓舞者頭暈的方法稱為**「定位法」（Spotting），也就是在旋轉身體的同時，眼睛盡量凝視著遠方的一點，轉頭時則一口氣轉動，再次看著那一點。**

不過，花式溜冰選手旋轉的速度比芭蕾舞者還要快，光靠「定位法」還是會頭暈。因此，花式溜冰選手會盡量讓頭和眼睛保持不動，向右轉時眼珠就偏向右側，向左轉時就偏向左側，讓周遭的景色流逝而過，藉此盡量抑制眼球轉動。儘管如此，旋轉時要在一秒內轉3～4圈，全部至少要轉20圈，**但只要透過練習來讓身體習慣，身體就會分泌「GABA」這種抑制神經傳導物質，故此就不容易暈頭轉向了。**

花式溜冰選手無論旋轉幾圈都不會暈

經過多重練習後，身體會習慣並分泌「抑制神經傳導物質」

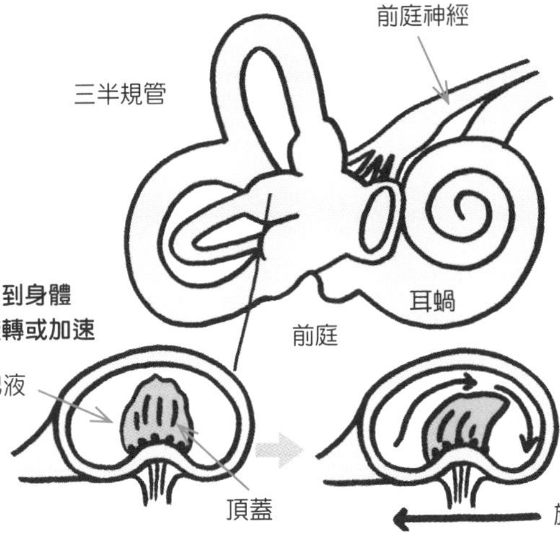
偵測到身體
在旋轉或加速
淋巴液
淋巴液會朝著
反方向流動
旋轉方向

頭暈的原理

當人體旋轉時，淋巴液和頂蓋會往反方向流動，這個訊號會傳到大腦，即使身體已經停止旋轉，淋巴液還是在流動，使人感到頭暈。

避免頭暈的方法

花式溜冰選手

頭和眼睛盡量保持不動，向右轉時眼睛向右看，向左轉時就向左看，讓周圍的景色流逝，藉此來抑制眼球轉動。多方練習之後，身體就會分泌「GABA」這種不讓眼球轉動的抑制神經傳導物質。

芭蕾舞者

利用「定位法」此種技巧。

花式溜冰的跳躍會造成體重 5 ～ 8 倍的負荷！

對展現華麗舞姿的花式溜冰選手來說，跳躍是他們表演的看點之一。據說選手跳起再著地時所施加的力量竟然是體重的 5 ～ 8 倍，而我們跑步時，腳著地時的力量則是體重的 2 ～ 3 倍。相較之下，就可看出前者造成的負荷和衝擊有多大。因此，花式溜冰是個很要求柔軟度、強健體幹和過人平衡感的競技項目。

34 指甲為什麼是健康的指標呢？

營養不良或不健康時，指甲容易受到影響

指甲是皮膚的一部分，由名叫「角蛋白」（Keratin）的堅硬蛋白質構成，由指甲根部半月狀的甲基質（Nail matrix）製造。**指甲位於身體末端，聚集了許多末梢血管，難以接收到營養而容易受到營養不良或健康狀況影響，因此我們可以透過指甲的顏色和狀態來了解自己的健康狀況。**有些疾病會導致指甲發生特殊的變化，把這些知識學起來很實用。

指甲上出現橫線表示身體不健康或壓力大，顯示出指甲曾經因此暫時停止生長。據說指甲一天長0．1公釐，只要測量指甲根部到橫線的距離，就能知道自己哪個時期不太健康。另外，指甲上出現縱線是老化導致的，不需要特別擔心，但要是指甲沿著縱線裂開，就有可能是血液循環不好。

此外，當指甲顏色改變時也要注意，指甲呈現白濁狀最常見的原因是灰指甲（甲癬），但若指甲變得像毛玻璃一樣白濁，則是慢性腎臟病或肝硬化的人身上常見的症狀，而指甲蒼白則常見於缺鐵性貧血；若呈暗紫色，則是好發於有心臟或肺部疾病的人身上。

當指甲變薄，中央下凹，**變得像湯匙般時稱為「湯匙甲」，在缺鐵性貧血的人身上很常見，但若還伴隨脖子腫脹，則有可能是甲狀腺機能亢進。**當指尖膨大，手指變得像鼓棒一樣時稱為**「杵狀指」**，是血液循環不佳，使血液停留在指尖所造成的現象，可以懷疑當事人有先天性心臟病或慢性肺部疾病，有時甚至是肺癌。

另外，指甲容易裂開是因為乾燥，如果經常碰水，或是為了做指甲而常用去光水，就要用指緣油或護手霜替指甲保溼。

從指甲的顏色和形狀看出健康狀況

指甲底下有許多末梢血管，容易受血液循環影響

認識指甲的構造

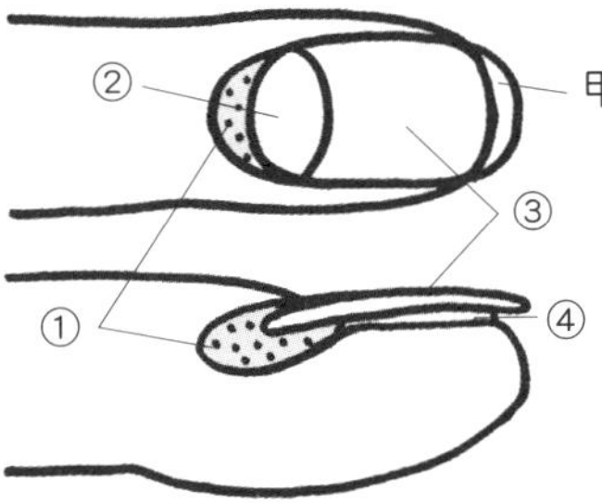

① 甲基質

負責生成指甲體。這裡有許多血管和神經通過，在此持續製造指甲。

② 甲半月（月牙）

指甲體根部呈乳白色的半月形部位。這裡是新生的指甲體，含有許多水分。

③ 指甲體

我們說的「指甲」通常是指這個部分，由堅硬的角蛋白（蛋白質）組成，作用是保護指尖。

④ 甲床

皮下組織的一部分，為指甲的生成與維護提供必要的水分和養分。

除了保護指尖之外，指甲還有其他重要功能：

- **用手抓東西時：**如果沒有指甲，指尖就無法用力。
- **走路時：**如果沒有趾甲，雙腳踏地時就無法承受地面反彈回來的力量。

從指甲的顏色和形狀看健康！

粉紅色	紫色	白色	黃色	紅色	黑色
健康	心臟病 肺病	貧血 肝病	黃指甲症候群 （淋巴系統異常）	動脈硬化 紅血球過多症	有可能是皮膚癌 （指甲上的惡性黑色素瘤）

直線	橫線	白濁	杵狀指	湯匙甲
老化現象、血液循環差（指甲裂開）	健康不佳、壓力大、心臟衰弱（一條白線時）	灰指甲	可能有肺炎或肺癌	缺鐵性貧血

此欄記載的症狀僅供參考，有類似症狀者請向專科醫師求診。

指甲的生長速度依部位和環境而不同

- 健康的成人一天會長 0.1 公釐，幼兒和高齡者則是 0.07 ～ 0.08 公釐。
- 腳趾甲比手指甲厚，長得比較慢（手指甲的生長速度是腳趾甲的 2 ～ 3 倍）。
- 右手指甲長得比左手快。在五隻手指頭中，食指指甲長得最快，其次從快到慢依序是中指、無名指、拇指、小指。
- 指甲在冬天長得比夏天快，晚上比白天快。

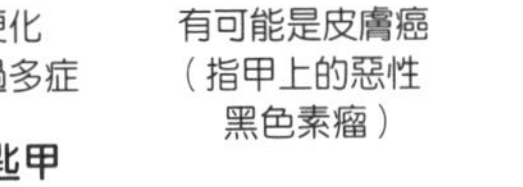

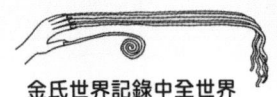

金氏世界記錄中全世界指甲最長的男人

他留指甲留了 66 年，長度為 909.6 公分（所有指甲的合計）。

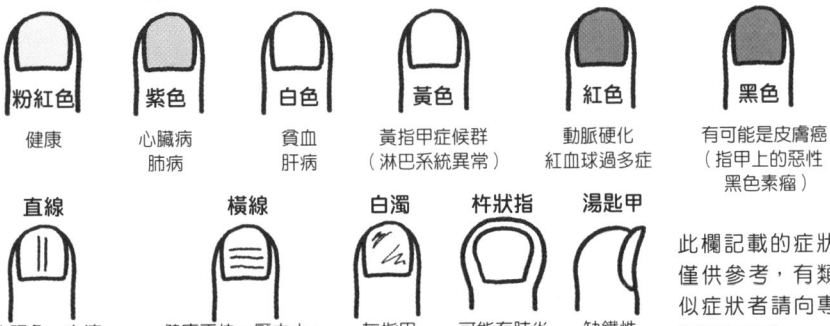

35 皮膚無法呼吸就會死是真的嗎？

人類靠肺臟和心臟把氧氣送到全身！

一般成人的皮膚面積約為1．6～2平方公尺，大約有一張榻榻米那麼大，是人體最大的器官。

皮膚具有許多功能，例如擋掉外界的各種刺激，透過擴張、收縮血管和流汗來調節體溫，並排出油脂和老舊角質等等。

有人說，化妝會導致皮膚無法呼吸而讓膚質變得粗糙，**在身體上塗抹金粉也會讓皮膚無法呼吸，所以無法長時間表演「金粉秀」。因為有這些都市傳說，似乎有很多人相信人類若無法用皮膚呼吸就會危及生命。**

蚯蚓和水蛭這些生物沒有呼吸器官，所以只能靠皮膚呼吸，但動物靠皮膚呼吸的比例會隨著進化而降低，例如用鰓呼吸的鰻魚約有70％的呼吸運動靠皮膚進行，青蛙這種兩棲類為30～50％，鳥類則是不到1％，**而人類用皮膚呼吸的比例只有0．6％。由於我們可以靠肺呼吸以將氧氣送到皮膚的微血管，因而即使皮膚無法呼吸也不要緊。**

昔日，從魚類進化而來的動物為了在陸地上生活，便需要能夠防止水分蒸發，而且耐得住乾燥的堅固皮膚。

鳥類和哺乳類不再仰賴皮膚來呼吸，所以才能離開水邊，得到適合在陸地上生活的厚實皮膚。

然而，像人類這種體型較大的生物必須靠肺臟來取得空氣，靠心臟當幫浦，否則就無法把氧氣送到全身各個角落。

人類由於體型朝大型化發展，便很難用皮膚呼吸來維持生命，所以就用肺呼吸來取代皮膚呼吸，在肺泡進行「氣體交換」。

人類靠肺泡來交換氧氣和二氧化碳
「皮膚無法呼吸就會死」並非事實

肺呼吸

在肺泡和微血管之間進行「氣體交換」

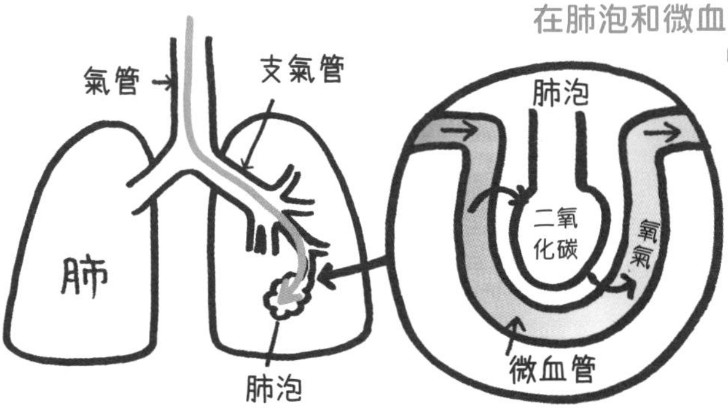

在一次呼吸運動中，肺部大約會吸進、吐出等同於 500 毫升寶特瓶的空氣。

在肺泡與微血管之間，將體內的二氧化碳和氧氣做交換，這稱為「氣體交換」。

生物的呼吸方式

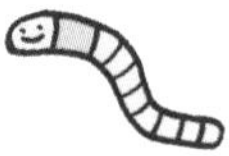

蚯蚓

用皮膚呼吸

- 透過皮膚的微血管取得氧氣，並釋放二氧化碳。

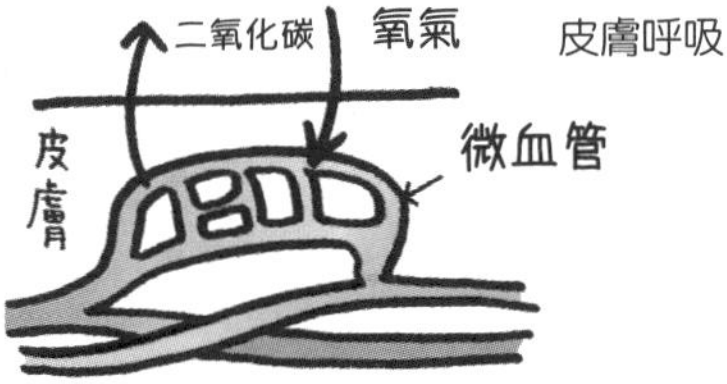

青蛙

用肺和皮膚呼吸

- 冬眠時，皮膚呼吸占了 70%。

蝌蚪

用鰓呼吸

- 隨著成長，會改用皮膚和肺呼吸，從水中遷徙到水邊。

燒燙傷要嚴防皮膚受損所引起的併發症

當皮膚遭受到燒燙傷的面積超過體表的 60%時屬於重症，死亡率高於 50%。然而，燒燙傷的可怕之處並不只有皮膚受到的損傷而已，還有燒燙傷所帶來的併發症，例如脫水、休克、器官衰竭等等。近幾年，因感染而引發敗血症的病例越來越多。

36 會禿頭和不會禿頭的人差別在哪？

荷爾蒙和遺傳是兩大關鍵因素

頭髮的生長和各種成因有關，包括遺傳、荷爾蒙、頭皮血液循環不佳、飲食和壓力等等，**至於一個人會不會禿頭，「荷爾蒙」和「遺傳」是最大的因素。**

體毛的濃密度和量取決於荷爾蒙。男性荷爾蒙到了青春期就會活躍地分泌，促使鬍子和胸毛長出，但不知為何，它對頭髮卻會產生反作用。頭皮上的毛乳頭（hair papilla）有男性荷爾蒙的受體，但它和其他部位的毛乳頭不同，**受到男性荷爾蒙刺激時會做出「掉髮」的指示，而這一切都和名叫「二氫睪固酮」（DHT）的男性荷爾蒙有關。**

當胎兒性別為男性時，二氫睪固酮對男性性器官的發育有很大的影響，但它在胎兒出生後就沒有太突出的功能，若在成年後分泌太多，鬍子等體毛就會增加，但頭皮的毛**囊**卻會縮小，使頭髮變細。最後的結果就是毛**囊**再也長不出頭髮，於是就禿頭了。

目前還不知道二氫睪固酮為什麼會有這種作用，但**在青春期過後，髮際線或頭頂處的其中之一，或這兩處的毛髮若逐漸減少就稱為「雄性禿」（AGA），而成因就是二氫睪固酮這個別名為「掉髮荷爾蒙」的激素**。

此外，**目前已知禿頭和某種基因有關，它位於X染色體上**。由於男性只有一條X染色體，因此和禿頭有關的遺傳資訊便是從母親身上遺傳而來，而女性有兩條X染色體，可能從父母其中一個人身上繼承不容易禿頭的基因。因此，和男性比起來，女性比較不容易禿頭，而孫子則可能會從母方的祖父身上繼承禿頭基因。

髮量少、掉髮與荷爾蒙及遺傳有關！

不良男性荷爾蒙「二氫睪固酮」是「雄性禿」的成因

雄性禿的成因

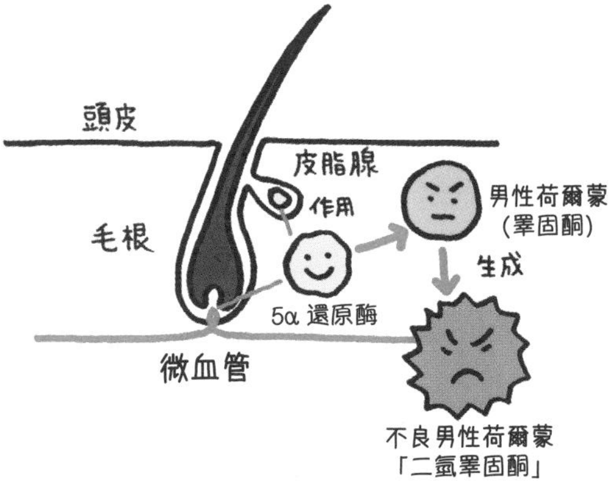

當皮脂腺分泌的 5α 還原酶和男性荷爾蒙結合，便生成會造成掉髮的不良男性荷爾蒙「二氫睪固酮」（DHT）。

髮量少和禿頭的原因大多是雄性禿

發生在頭頂處和髮際線

女性雄性禿（FAGA）是女性荷爾蒙「雌激素」（Estrogen）減少所引起的，特徵是整片頭皮的髮量都偏少。

「若外公頭髮少，自己也會禿頭」的說法（以雄性禿來說）

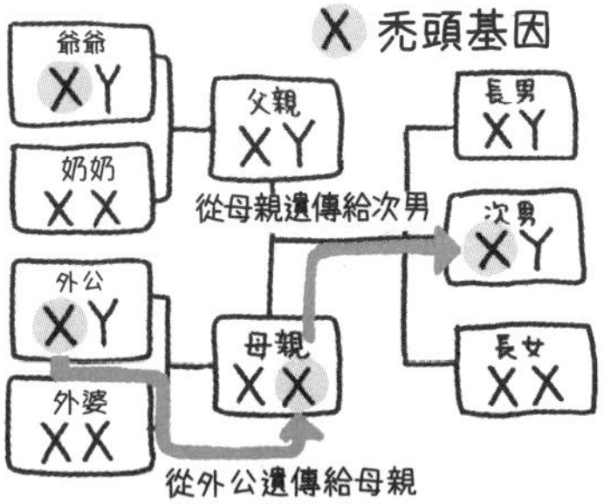

髮量稀薄（禿頭）的基因位於 X 染色體上。女兒從父親身上繼承禿頭基因，當了母親之後遺傳給兒子。也就是說，兒子從母親身上繼承的禿頭基因是從外公身上來的，這稱為「隔代遺傳」。

禿頭的徵兆是能力優秀和肉體強韌的證據！

目前已知，造成禿頭的男性荷爾蒙能夠使肉體更有男人味並提高智力。換句話說，頭髮少可說是肉體強韌、智商高和生殖能力強的證據，所以不必因為未來可能會禿頭而感到悲觀。

辣味不是味覺而是觸覺，被大腦視為痛覺？！

有一種刺激的味道稱為「辣味」，辣椒、芥末、薑和山椒的味道就是很具代表性的例子，但其實辣味並不是「味覺」。人類舌頭上的味蕾能吃出甜味、鮮味、鹹味、苦味和酸味，稱為「基本五味」，然而感知辣味的細胞（受體）和這五味不同，會對食物的口感、疼痛感和溫度變化起反應。

也就是說，辣味是一種用「痛覺」和「溫覺」來捕捉的「觸覺」。

辣味成分大致可以分為 2 種，一種是如同辣椒和薑一樣會讓嘴裡感到熱辣辣的「熱辣味」，另一種則是像芥末或黃芥末這類刺鼻的「辛辣味」。「熱辣味」是靠熱受體感知，吃下去過了幾秒才會覺得辣，而且辣味遲遲不退。相較之下，「辛辣味」則是靠冷受體感知，放進嘴裡的瞬間就會感到辣，但辣味比較快退去。此外，「熱辣味」會促使身體釋放有止痛作用並帶來幸福感的腦內啡（Endorphin）或多巴胺，愛吃辣的人之所以會想吃更辣的食物，就是這個原因。

第5章

肌肉、骨骼和運動的奧祕

支撐並活動身體，構成外觀

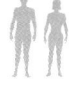

37 為什麼長大以後就長不高了？

當骨頭的生長板消失，就不會再長高了！

人類的身體是靠全身的骨頭慢慢伸長而長大的。正處於成長期的孩子，骨頭兩端有稱為**「生長板」**的軟骨組織。

生長板中含有大量負責製造骨頭的軟骨細胞（Chondrocyte）、成骨細胞（Osteoblast）和破骨細胞（Osteoclast），當它們在生長荷爾蒙的作用下活化時，細胞就會不斷分裂，使骨頭越來越長。

此外，到了青春期，除了生長荷爾蒙之外，人體還會分泌促進成骨細胞運作的「性荷爾蒙」，使骨頭一口氣變長，身高變高。

然而，當骨頭長到某種程度，生長板的軟骨細胞就會停止分裂。女性大約在15～16歲，而男性則是18歲時身高開始停滯成長，但這多少有個人差異，也有人到了20歲還在長高。

進入青春期，身高大概就這樣定下來了。位於骨頭兩端的成長板也稱為**「骨端線」**，若骨端線還在，就表示還能再長高。

過了20歲左右，骨端線就會慢慢化為骨頭並且變白，最後將會消失，也就是「骨端軟骨閉鎖」。**當骨端線消失，身高就會停滯**，不過，即使不會再長高，但脊椎的骨量依舊會持續增長到20歲，手腳的骨量則是增長到30歲左右，逐漸構成成年人的骨幹。

順道提及，應該很多人都認為身高完全取決於遺傳吧？遺傳因素當然有，但睡眠、運動、飲食和壓力等後天環境因素的影響也很大。

如同諺語說：「一眠大一寸。」生長荷爾蒙會在睡覺的時候分泌，為了讓身體長大，有高品質的睡眠是很重要的。

只要生長板還在，就能再長高！

當骨頭兩端的軟骨細胞停止分裂，就不會再長高

長大了就不會再長高的原因

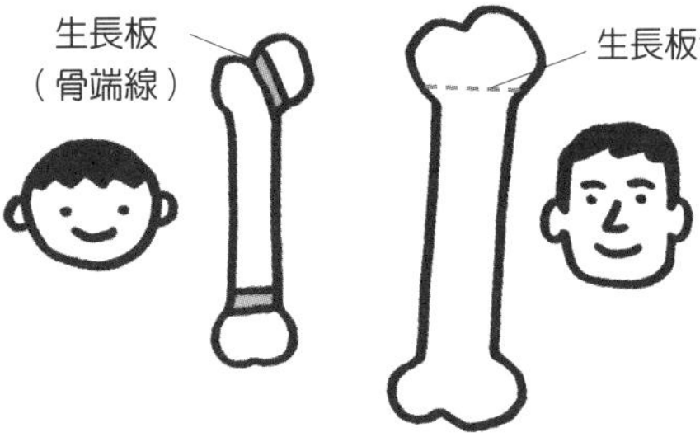

生長板的軟骨細胞分裂，讓骨頭逐漸變長。

生長板不再分裂，停止成長。

有關骨頭的真假之謎

身高在白天和晚上大約差 2 公分

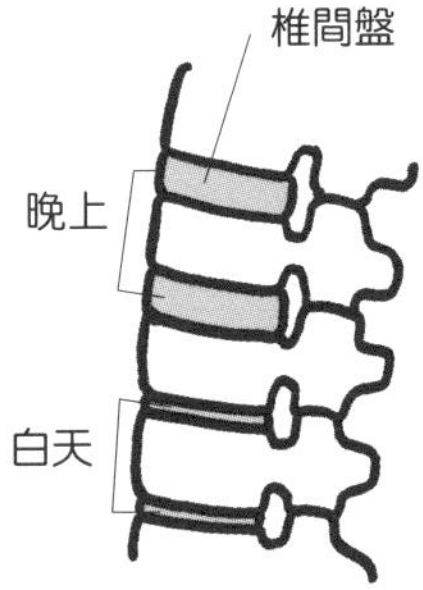

○ 我們白天站著時，脊椎的 23 塊椎間盤會因為重力被壓扁而變短，在躺著睡覺時就會恢復原狀。

一眠大一寸

○ 生長荷爾蒙在睡覺時分泌量最多。

鍛鍊肌肉能夠強化骨骼

○ 做負重運動能夠強化骨骼，防止運動功能衰弱。

小時候運動過多會長不高

✕ 即使在骨頭的生長期多運動也練不出肌肉，等上了高中，體格接近成年人之後，這時來鍛鍊肌肉才有效果。

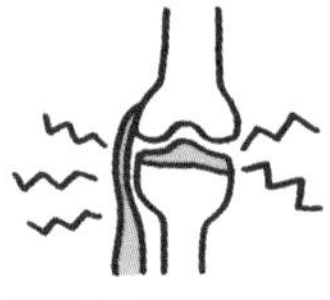

大約 30%的孩子有這種經驗！

孩子腳上的「生長痛」

有些人應該有這樣的經驗：從傍晚到晚上這段時間，膝蓋周圍的下肢突然痛到讓人哭出來，但是到了早上就不痛了。這稱為「生長痛」，好發於三歲到小學低年級左右，疼痛的原因據說是骨頭在長大和心理壓力。加以按摩、熱敷或緊抱能有效舒緩。

38 骨頭是「能讓人重返年輕的器官」！

骨頭會分泌重返年輕的傳導物質，提高記憶力和性功能

一般人都認為骨頭長時間支撐身體並保護內臟，是鈣質的集合體。最近，科學家發現骨頭分泌的傳導物質會對大腦和身體起作用，維持並改善身體的各種機能。

尤其**「成骨細胞」所分泌的骨鈣化素（Osteocalcin）是一種蛋白質，能夠提升記憶力、肌力和男性的性功能，對於消除活性氧和活化肌膚也有效果，是個受到矚目的「重返年輕物質」**。骨頭中雖然只含有０．４％的骨鈣化素，但微量的骨鈣化素會透過血管送達全身，並且對大腦、肌肉和睪丸起作用。此外，**同樣由成骨細胞分泌的骨橋蛋白（Osteopontin）這種蛋白質和老化及免疫有關**，當骨橋蛋白的量減少時，骨髓內的免疫細胞就會跟著減少，導致免疫力不佳，罹患癌症的機率也會變高。

此外，來自骨頭的硬化素（Sclerostin）分泌異常很可能是導致骨質疏鬆症的原因，而這不只會發生在高齡者身上。

順便一提，牛奶是能夠增加骨細胞（Osteocyte）並預防骨質疏鬆症的代表性飲品，但最近有個說法是牛奶喝太多反而會引發骨質疏鬆症的初期症狀，一公升的牛奶中含有大約１２００毫克的鈣質，但牛奶中幾乎不含人體代謝鈣質所需的鎂，若大量飲用的話可能會破壞體內的礦物質平衡。然而，這個說法目前尚未經過科學證實。

骨頭經常會進行新陳代謝，每天都會一點一滴地更新。**成年人全身的骨頭若要全部更新一次大約需要3年時間，所以請大家努力增加骨量並增強骨質，不要懈怠。**

骨頭是鈣質的集合體，也是讓人重返年輕的器官
提升記憶力、肌力、性功能和免疫力

骨頭會分泌常保年輕的物質

透過運動帶給骨頭一些負荷，成骨細胞就會分泌傳導物質。

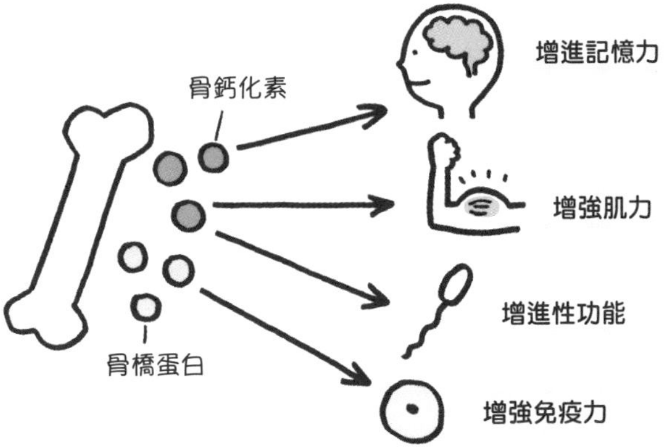

骨質疏鬆症也和骨頭分泌的傳導物質有關！

當骨頭受到的衝擊不足，骨細胞就會大量分泌「硬化素」這種會導致骨質疏鬆症的物質。

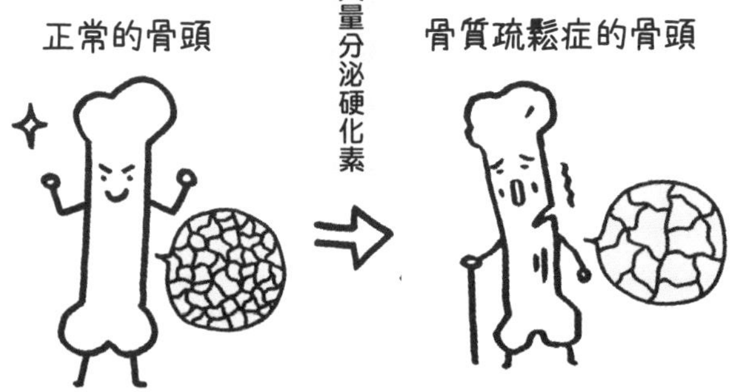

能夠增加
骨質密度的
「腳跟落地運動」

用「腳跟落地運動」來預防骨質疏鬆症！

牛奶是預防骨質疏鬆症的代表性飲品，但最近有新的說法指出牛奶喝太多反而會引發骨質疏鬆症的早期症狀。因此，我在這裡建議大家做「腳跟落地運動」，也就是先把雙腳腳跟抬起來，再「咚」地落地。但是，如果落地時太用力，反而可能會造成膝蓋和腰部疼痛，所以一開始先小力一點，再逐漸加強力道。

39 不運動的話，肌肉和身體會怎麼樣？

要花3倍以上的時間才能恢復原本的功能！

骨折後拆掉石膏，結果手臂或腳變得好細，這是肌肉用進廢退的一個特徵。

在某項實驗中，光是兩週沒有活動雙腳，就有28%的年輕受試者和23%的高齡受試者肌力變差。此外，年輕受試者的肌肉少了485克，高齡受試者則是少了250克，可見原本肌肉量較多的人所受到的影響也越大。而且，以高齡者來說，即使每週做3～4次訓練，如此持續六週，肌力還是無法恢復原狀，要恢復原始功能的話要花三倍以上的時間。

當高齡者因為生病或受傷而長時間住院療養時，肌肉、關節和內臟的活動功能都會變差，容易形成廢用症候群（Disuse Syndrome）。這樣子就無法隨心所欲地活動身體，導致活動量又變得更少，**往往會陷入憂鬱或臥床不起的困境，生活品質（QOL）也不好，形成惡性循環。**

此外，若要提高因運動不足而低落的體力，除了進行慢跑等有氧運動之外，還必須接受重量訓練來為肌肉增加負荷，但這對高齡者來說難度太高了。

順便一提，很多人減肥時都會因為體重在短時間內減輕而空歡喜一場，但這其實是肌肉量變少了，讓他們誤以為是減肥有效。身體在減肥時能量不足，一開始先減掉的是肌肉，接著才是脂肪分解、燃燒並減量。肌肉比脂肪重，當肌肉量減少，基礎代謝變差後，反而會更容易胖。

人不管到了哪個年齡都有辦法增加肌肉，先解決運動不足的問題最重要。

只要 2 週不運動，20 幾歲年輕人的肌力就會和中老年人一樣！
高齡者經過長期靜養，也可能罹患「廢用症候群」

如果 2 週不運動的話……

年輕人要花 3 倍時間訓練才能恢復原本的功能，高齡者則更長。

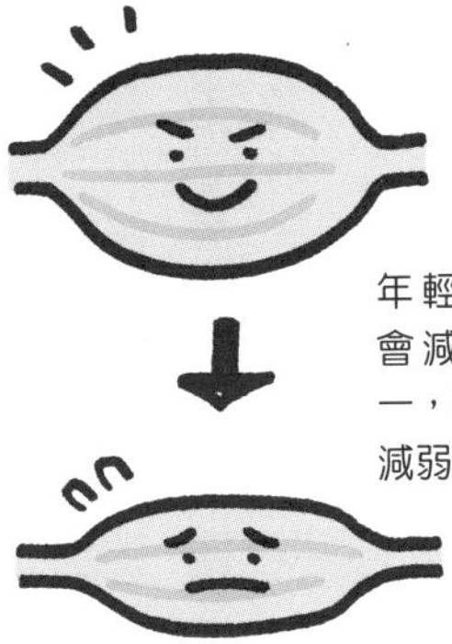

年輕人的肌力會減弱三分之一，高齡者則是減弱四分之一。

廢用症候群的主要症狀

體重相同，
體型卻差很多。

來認識肌肉和脂肪的關係吧！

訓練肌肉時，要注意的不只是體重的減少，還有體態的變化。據說，在體積相同的情況下，肌肉大約是脂肪的 1.2 倍重。也就是說，肌肉和脂肪密度不同，在重量相同的情況下，脂肪的體積較大，因此體態會有很大的差異。肌肉和脂肪是不同的東西，肌肉不會變成脂肪，而若要減掉脂肪，則需要靠運動來消耗能量。

40 肌肉為什麼有紅色的和白色的？

可分為有持久力的慢縮肌和有爆發力的快縮肌！

肌肉大致可以分為**「平滑肌」、「心肌」和「骨骼肌」**三種。平滑肌是內臟和血管的肌肉，心肌是心臟的肌肉，骨骼肌則是用來活動身體的肌肉。

骨骼肌由「肌纖維」構成，肌纖維是直徑約20～100微米的肌原纖維，當一條一條的肌原纖維如橡皮筋般伸縮，身體就能活動。**在體能訓練中，我們所說的「長肌肉」就是肌纖維變粗壯了。**

很細的肌纖維會在運動時斷裂，但會被蛋白質等材料修復，變得比之前更粗、更強韌。

肌纖維有兩種，分別是稱為「紅肌」的泛紅肌纖維，以及稱為「白肌」的泛白肌纖維。

肌纖維之所以有兩種顏色，是因為肌紅素（Myoglobin）這種色素蛋白的量不同。肌紅素會在肌纖維中儲藏氧氣，而紅肌的色素比白肌多，也累積了許多氧氣，所以就顯現出紅色，而且不容易疲勞。

此外，紅肌和白肌又可根據收縮速度不同而稱為**「慢縮肌」**和**「快縮肌」**。

收縮速度慢的紅肌（慢縮肌）只靠較少的能量就能持續收縮，所以適合用來進行長時間的運動。而收縮速度快的白肌（快縮肌）能夠即時發揮很大的力量，所以適合用來從事需要瞬間爆發力的運動。

鮪魚這種紅肉魚兼洄游性魚類能夠不休息地在大海中游來游去，而比目魚這種白肉魚只在捕食獵物和逃離外敵時才會迅速地游動——只要這樣一想，應該很容易理解才是。需要持久力的馬拉松選手擁有較多紅肌，而要具備瞬間爆發力的短跑選手則擁有較多白肌，這也是因為運動項目不同，所需的肌肉便不同。

以人類而言，身上哪種肌肉較多有個人差異，但邁入高齡後白肌就會減少。

骨骼肌中有 2 種不同性質的肌肉！
分為具有持久力的紅肌（慢縮肌）和不持久的白肌（快縮肌）

肌肉的種類

骨骼肌

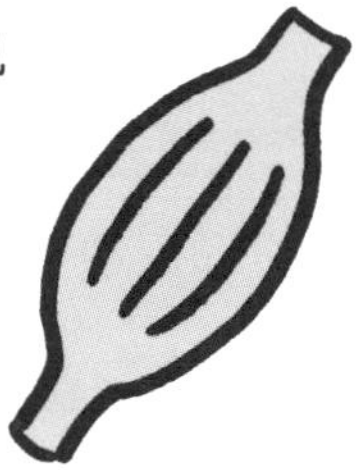

用來活動身體的肌肉，
其肌纖維可分為紅肌和白肌。

平滑肌

胃腸和血管的肌肉。

心肌

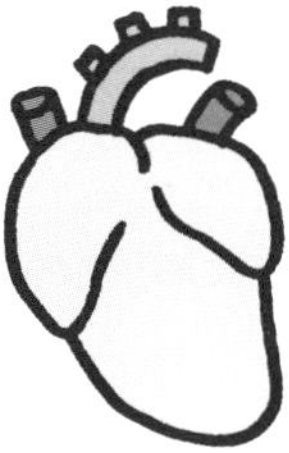

心臟的肌肉。

白肌和紅肌的差別

白肌

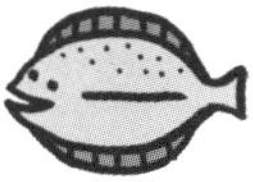

白肉的比目魚

- 適合要具備瞬間爆發力的運動，又稱為快縮肌。
- 肌纖維很粗，能夠使出巨力。
- 容易疲勞。
- 常見於短跑選手。

紅肌

紅肉的鮪魚

- 適合持久性的運動，又稱為慢縮肌。
- 肌纖維很細，力氣很小。
- 不容易疲勞。
- 常見於馬拉松選手。

深蹲

透過訓練來製造「粉紅肌」！

粉紅肌介於紅肌和白肌這兩種肌肉之間，因為同時擁有持久力和瞬間爆發力而受到矚目。粉紅肌並不是每個人都有，而是必須透過訓練來製造。那些同時具備瞬間爆發力和持久力的運動員，就是擁有這種粉紅肌的經典例子。據說，深蹲最適合用來鍛鍊粉紅肌。

41 關節發出的喀喀聲是什麼聲音？

最有力的說法是「關節液裡的氣泡破裂聲」

當我們彎曲膝蓋或做伸展操時，有時會聽見關節發出聲音，這稱為**「喀喀作響」（Cracking）**，在手指關節、脖子、上下顎、手腕、手肘和膝蓋等各處關節都會發生。

應該有很多人小時候都很喜歡故意拗手指吧？

關於這種聲音的真相，長年以來有諸多說法，但**在最近的研究中，最有力的是「關節液（滑液）裡小氣泡破掉時發出的聲音」**。

關節外面有名叫「關節囊」（Joint capsule）的構造包覆，裡面充滿了「關節液」（滑液），在骨頭和骨頭之間的微小隙縫作為潤滑。

當我們拉手指或是突然彎曲關節時，骨頭和骨頭之間的距離會拉長，但由於滑液的量不變，因此關節囊內的壓力會一下子變小。這樣一來，滑液中就會產生二氧化碳，形成氣泡。這是基於液體本身的性質而產生的，因為密封狀態下的液體在壓力下降時會產生氣體。

接著，當關節內的骨頭分開，氣泡就會一口氣移動並破裂，破裂聲傳導到周圍的軟骨、骨頭、關節囊和肌腱，便形成「喀喀」的聲音。

關節在發出一次聲音之後就無法馬上接連發出聲音，這是因為氣體再次溶進滑液中需要時間。

有人說一直拗手指會讓手指變粗，是真是假還不確定，不過，據說在氣泡破裂的瞬間，會有超過一噸的力量施加在小小的面積上。

要是隨便持續對關節施加力量，有可能會使關節組織受損，所以不要因為好玩而亂拗關節比較好。

讓關節滑順活動的關節液是聲音來源？
彎曲關節時，關節液（滑液）的氣泡就會破裂而發出聲音

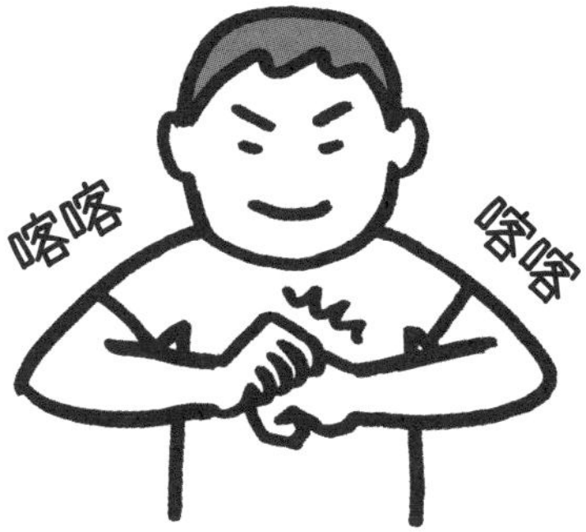

關節發出聲音的現象稱為「喀喀作響」。

關節的構造

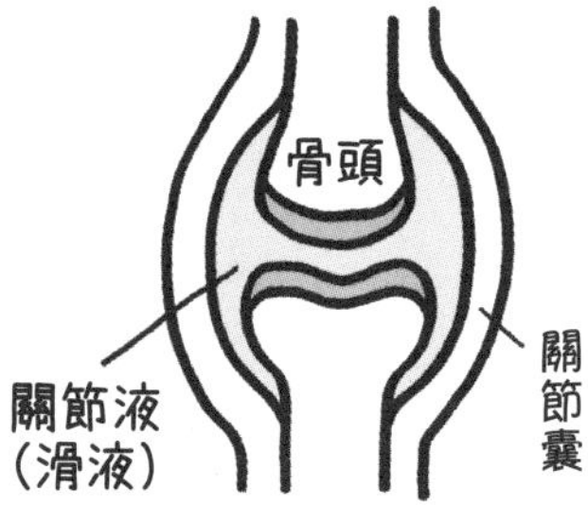

手指、脖子、上下顎、手腕、手肘和膝蓋等部位都可能發出聲音。

關節喀喀作響的原理（最有力的說法）

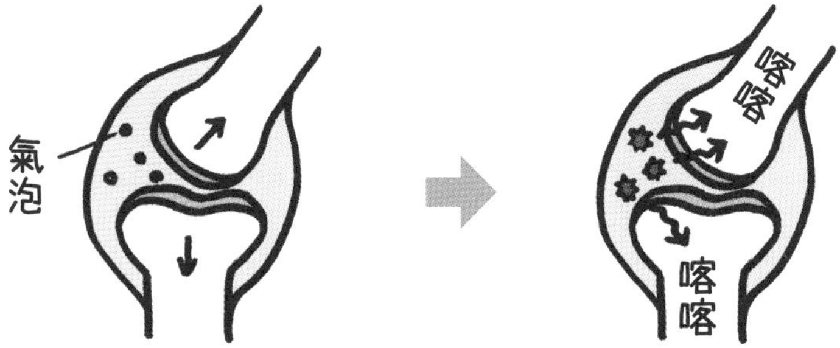

關節彎曲時，關節囊內的壓力會下降，導致滑液中產生小氣泡。

氣泡破裂的聲音傳導到骨頭或關節囊，聽起來像是喀喀聲。

太愛拗手指，會讓手指發炎！

人之所以喜歡拗手指，似乎是因為這樣感覺很爽。然而，有資料顯示，如果 1 天內拗同一個手指關節 10 次，像這樣持續 1 個月，關節就會發炎而腫脹。如果亂拗脖子的話，可能會造成軟骨壓迫到神經而導致雙手麻痺，建議大家不要經常拗動關節。假如真的戒不掉這種習慣，可以改成慢慢地伸展關節的方式。

42 人為什麼有足弓呢？

足弓對走路發揮了重要功能！

「足弓」就是腳底凹陷的地方。人類的腳共有26塊骨頭，被肌肉支撐著，呈現拱橋的形狀。呈現半圓形的拱橋狀經常運用在橋梁或隧道上，**拱橋結構是最能承受重量的形狀，而人之所以能靠兩隻腳支撐身體並直立步行，就是因為我們的腳是拱橋狀。**

人類的腳底有三個足弓，第一個就是最大的「內縱弓」，第二個是小腳趾那一側的「外縱弓」，雖然很難從外表看出來，但它是個很堅固的小足弓。第三個則是「橫弓」，把大腳趾和小趾的根部橫向連結在一起。

足弓具有緩衝功能，能夠保護雙腳不受地面反彈的力量傷害。假如我們的腳底完全貼著地面，來自地面的衝擊就會施加在整個腳底。多虧有了足弓，雙腳承受的負擔才沒有那麼大，此外，足弓還有偵測的功能，能夠維持身體的平衡。

有些人是所謂的「扁平足」，也就是沒有足弓作為緩衝，所以雙腳很容易疲勞，長時間步行之後便很容易腳底痛。

只有人類的腳有足弓，其他動物沒有。嬰兒剛出生時是扁平足，等到他學會站和走路後，大約三歲左右，足弓就會開始形成，到了九歲就發育完畢。為了使足弓順利發育，要在上述這段時期內善用腳趾來走路。

由於生活習慣改變等原因，現代人的足弓有退化的趨勢。**雙腳的肌肉具有幫浦的功能，能夠把血液送回心臟**，但是當人們越來越不常走路，雙腳的肌肉衰退了，血液循環就會變差，導致各種身體不適。

足弓能夠支撐身體，減輕腳受到的衝擊！
足弓的拱橋狀結構很能承受來自上方的力量

支撐身體的 3 個足弓

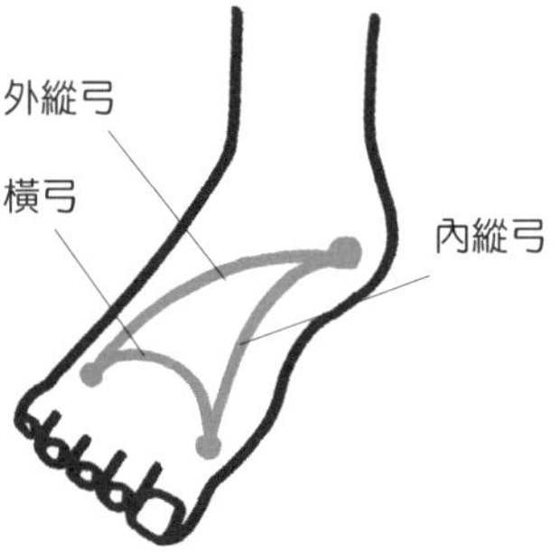

＊內縱弓俗稱「腳心」。

〈拱橋結構的功能〉
荷重作用、緩衝作用、平衡作用

什麼是足弓？

足弓就是腳底的凹陷，無法緊貼地面的部分。有 26 塊骨頭被肌肉支撐著，形成拱橋狀。

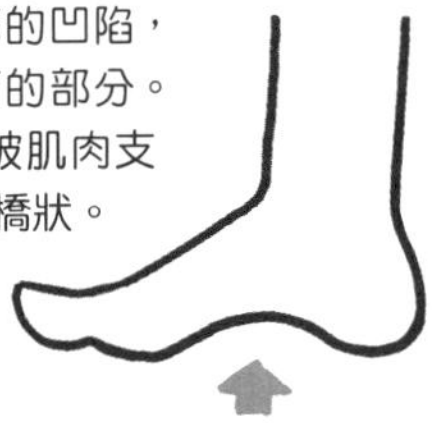

沒有「足弓」的扁平足

不好走路，很容易疲累，腳底會痛，還可能會拇趾外翻。

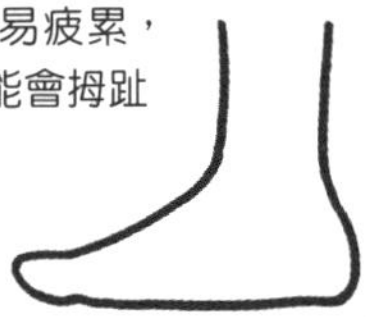

拱形很能承重的原因

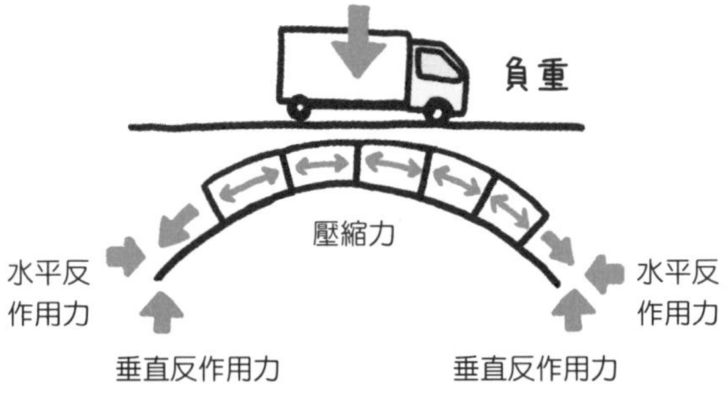

有力量施加在拱形上方時，支點會為了分散力量而產生很大的水平力，使地盤產生水平反作用力和垂直反作用力，並且靠壓縮力來支撐住。這種原理經常應用在拱橋和隧道上。

用腳趾抓毛巾

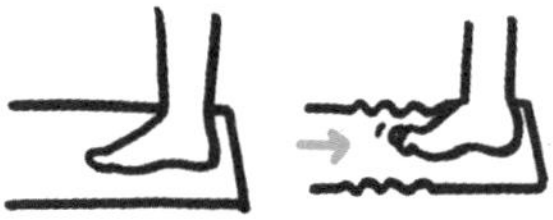

反覆把腳趾彎曲再伸長，用這個動作把毛巾往自己的方向拉。

鍛鍊腳底和足弓

許多重要的人體穴道都在腳底。如果要培育腳底的肌肉，就要好好訓練足弓，而方法就只有活動腳趾一途。建議大家可以透過踮腳尖、用腳趾玩剪刀石頭布，或是把毛巾鋪在地板上，再用腳趾去抓……等的足部運動來鍛鍊腳底。

43 喝醋真的能讓身體變柔軟嗎？

這是迷信，但醋確實有強大的力量！

從以前到現在，經常有人說：「想讓身體變柔軟的話就喝醋。」**醋裡含有的醋酸和酵素能夠分解蛋白質和溶解鈣質**，因此人們在做菜時會用醋先浸泡肉或魚來讓肉質和魚骨頭變軟。「喝醋能讓身體變軟」的說法或許是由此聯想而來，但遺憾的是這並沒有科學根據，只是迷信。

醋的主要成分是醋酸，喝進體內後就會被分解並產生檸檬酸。

酸梅和檸檬中所含有的檸檬酸能夠讓身體恢復疲勞，改善全身的血液循環。**檸檬酸的這種功效能去除體內的疲勞物質，使肌肉放鬆，讓疲累而僵硬的身體找回柔軟度，這或許能讓人感受到「身體變軟了」**。

即使如此，骨頭和肌肉並沒有真的變得柔軟。

不過，除了上述的效果之外，檸檬酸還能幫助人體吸收礦物質，去除照射到紫外線所產生的活性氧以保養皮膚，對身體有許多好處。

此外，醋本身還具有抗菌作用，其酸味能夠促進食慾，幫助人們少添加一些鹽分，並減緩血糖上升的速度，忽視其作用是很可惜的。

雖然醋並不能讓身體變柔軟，但每天在料理中加一點醋有益健康。

另外，**身體的柔軟度取決於關節四周的肌腱和肌肉的柔軟度有多高，以及關節的可動區域有多大**。若肌腱和肌肉夠柔軟，手腳就能靈活地大幅運動，也能夠確實做到各種運動所需要的動作。

如果真的想要讓身體變柔軟，適度做伸展操才是最有效的方法。

「喝醋能讓身體變柔軟」的說法沒有科學根據！但是醋能改善血液循環和免疫力，具有強大的效用

為什麼會有「喝醋能讓身體變軟」的說法？

- 烹飪時會用醋來軟化魚骨頭，以及醋可融化蛋殼等等，讓人們以為它能讓身體變軟。
- 某個馬戲團為了恢復疲勞而購買大量的醋，於是「喝醋能讓身體變軟」的謠言便不脛而走。

醋具有的強大功效

＊ 醋的強烈刺激會使胃腸疼痛，所以不要喝太多，而且要稀釋後再喝。

什麼是雙重關節？

髖關節可以打開到 180 度，或是大拇指能夠碰到手背等動作，一般人就算努力訓練也辦不到，但有些人卻能輕鬆地辦到，這種症狀稱為「過度可動症候群」(Hypermobility syndrome)，別名為雙重關節（double-jointed），那些人的關節可動區域天生就特別大。這會發生在關節凹陷處很淺或擁有特殊彈性軟骨（Elastic cartilage）的人身上，對立志要當韻律體操選手或芭蕾舞者的人很有利。據說這種特徵 20 人中大約 1 人有，但也具有容易脫臼和疲勞等缺點。

44 人家說肌肉痠痛的元凶是乳酸，但其實它是冤枉的?!

最有力的論點是「為了修復受傷的肌纖維而發炎」

運動後會出現的肌肉痠痛有「即發性」和「遲發性」兩種。

「即發性肌肉痠痛」就如同字面所示，會在運動後馬上出現，快的話在運動途中就會發生。這種肌肉發熱而沉重的疼痛感不只發生在運動後，就連長時間維持相同姿勢坐著也會發生。在這種情況下，痠痛的成因是會造成疲勞的**「氫離子」**。

另一種是「遲發性肌肉痠痛」，也就是我們平常所說的肌肉痠痛，其特徵是運動後過了幾小時至幾天後，活動肌肉時會感到疼痛。肌肉會不會痠痛端看一個人平常使用肌肉是否頻繁，有個體差異，和年齡沒有關係。

在過去，人們都以為肌肉痠痛的原因是**「乳酸」**因疲勞而堆積，**但現在已經知道把乳酸當作引起疲勞的物質是錯誤的，這種說法有可能冤枉了乳酸。於是，便有另一個假說興起，它主張肌肉痠痛的原因是人體為了修復受損的肌纖維而發炎。**

和肌肉收縮的時候比起來，肌纖維在肌肉伸展時更容易受傷，這是因為肌肉在收縮時原本就比伸展時容易出力。因此，深蹲這類運動會讓肌肉在伸展時帶給肌纖維很大的負荷，容易受傷。

目前最有力的學說是，人體為了修復受損的肌纖維而發炎，產生組織胺、乙醯膽鹼（Acetylcholine）和舒緩激肽（Bradykinin）等疼痛物質來刺激包覆肌纖維的筋膜，引起肌肉痠痛。

此外，還有個說法是肌纖維斷裂會引發肌肉痠痛，但由於肌纖維本身沒有痛覺，因此這個說法應該是錯誤的。

乳酸並不是導致肌肉痠痛的疲勞物質！
修復受損肌纖維的「發炎論」興起

乳酸為什麼不是痠痛的原因？

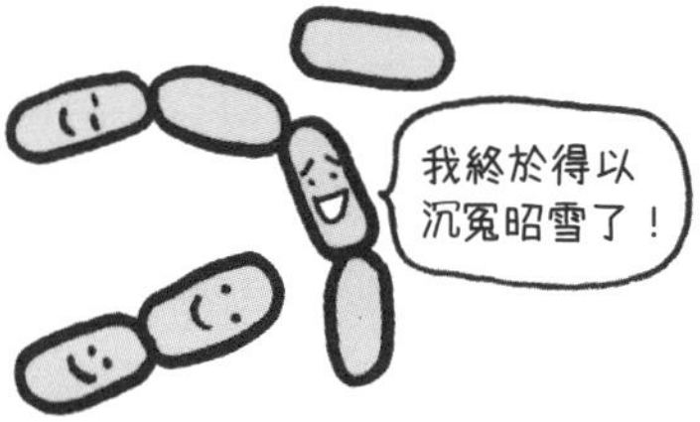

- 「乳酸是疲勞物質」這個概念本身是錯誤的。
- 不運動時，人體也會製造乳酸。

什麼是肌肉痠痛？

在運動後的幾小時至幾天後所發生的肌肉疼痛（遲發性肌肉痠痛），其原因目前在科學上還不明瞭。

肌肉痠痛是在修復受損肌纖維的「發炎論」

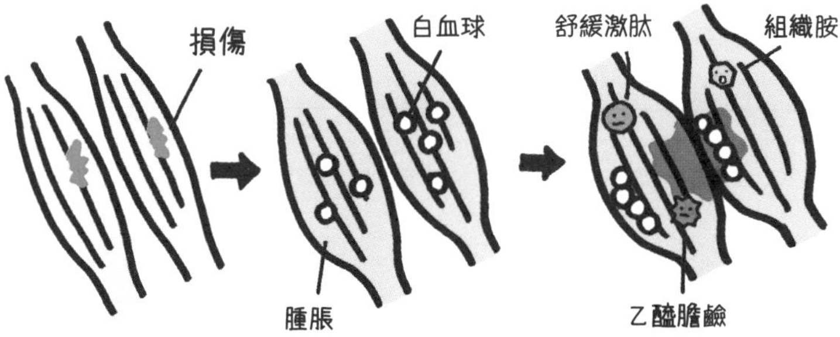

① 肌纖維在劇烈運動時受損。

② 白血球為了修復損傷而聚集，造成發炎。

③ 產生引發疼痛的刺激物質，導致肌肉痠痛。

肌肉痠痛時的應變方法

肌肉嚴重痠痛時，要先用冰敷或貼涼感貼布的方式來緩和患部疼痛。不痛了之後，再泡溫水澡來溫暖身體，並且輕輕按摩來促進血液循環。若要預防肌肉痠痛，可以在運動之前做暖身操或熱身運動，激烈運動後要透過慢走讓身體冷卻下來，並且適當地補充水分。

停經後的女性容易得骨質疏鬆症，可以喝啤酒來預防？

在我們成年後，骨頭仍然會持續汰舊換新，這稱為「骨質重建」（骨重塑），破骨細胞會讓骨頭溶解，讓鈣質進入血液中（骨吸收作用），成骨細胞則會促進血液中的鈣質硬化成骨頭（骨形成作用），藉此維持血液中的鈣濃度和骨質密度。當「骨吸收」和「骨形成」這兩個作用失去平衡，只有骨吸收不斷進行時，就會導致骨頭變得脆弱，形成骨質疏鬆症。據說骨質疏鬆症約有80%發生在女性身上，停經後女性荷爾蒙減少是一大成因。「雌激素」這種女性荷爾蒙會抑制破骨細胞的作用並活化成骨細胞，維持骨質密度，然而停經後雌激素的分泌量會急遽減少，成為骨質密度降低的導火線。

最近的研究發現，啤酒中所含有的啤酒花成分能夠減緩骨質密度降低的速度。在動物實驗中，攝取適量（以體重60公斤的人類來說，約為100毫升）的啤酒能夠降低罹患骨質疏鬆症的風險。對女性來說，來一杯啤酒或許可以預防骨質疏鬆症，但嚴禁過量。

第6章

生殖器、細胞與成長的奧祕

孕育生命，又充滿了神祕

45 女性最晚到了幾歲還能生小孩？

超過40歲以後，就很難自然懷孕

女性在青春期來臨後，位於大腦下視丘的腦下垂體會分泌促性腺素（Gonadotropic hormone，GTH），促使卵巢分泌女性荷爾蒙，出現胸部隆起、卵巢和子宮等生殖器官開始發育的這類生理變化。

大約從10～14歲左右，卵巢會開始排出卵子（稱為「排卵」），於是「月經」就來了。

女性的月經週期多少有個人差異，但從25天到38天以內都算正常。**在月經來潮之後，受到腦下垂體分泌「濾泡素」（Follicle-stimulating hormone，FSH）的影響，卵巢每個月會排卵一次，使女性能夠懷孕生子。**

負責培育卵子的「卵泡」在排卵時會把最成熟的卵子排出，每個月1個，一輩子最多只有400～500個。當人類女性還是胎兒時，卵泡裡就已經儲存了卵子，出生時體內就有大約200萬個卵子，但是到了青春期就會減少到20～30萬個，過了青春期以後每個月會減少1000個左右，停經時卵子的數量則是趨近於零。人類女性大約在45～55歲之間停經，**平均停經年齡約在50～51歲**，但並不是只要還有月經就能夠懷孕。在停經前10年，卵泡就幾乎不會排卵了，因此能夠自然懷孕的歲數約在41～42歲以前。

20多歲到35歲是最適合懷孕生子的時期。

根據日本婦產科學會的定義，35歲以上才第一次生產的產婦稱為「高齡產婦」。過了35歲之後，隨著卵巢功能衰弱和女性荷爾蒙減少，就越來越難製造健康的卵子，也會對身體造成各種影響，讓懷孕和生產變得困難。

適合懷孕生子的時期約在 20 多歲到 35 歲
35 歲以上才第一次生產，各種風險都很高

即使在「人生 100 年」的時代，卵巢的壽命還是沒有變長

在停經之前的 10 年，子宮就幾乎不再排卵，因此能夠自然懷孕的年齡最晚只到 41 ～ 42 歲。

懷孕的過程

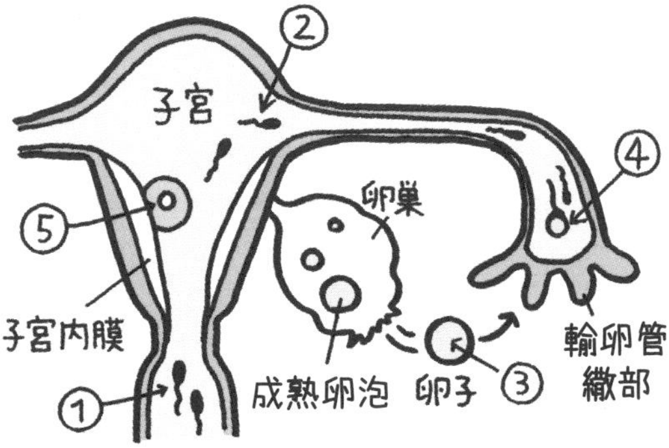

① 在射精時進入的精子。
② 精子經過子宮，朝輸卵管前進。
③ **排卵**：成熟的卵泡破裂，排出卵子（卵母細胞）。
④ **受精**：精子與卵子相遇，1 隻精子和卵子結合，變成受精卵。
⑤ **著床**：受精卵在子宮內膜扎根

成功懷孕

男性的 X 精子與 Y 精子的特性

這個特性引發了生男或生女的爭議。

X 精子
- 耐酸。
- 壽命為 2 ～ 3 天，比 Y 精子長。
- 數量比 Y 精子少。
- 活動速度慢。

Y 精子
- 耐鹼。
- 壽命很短，只有大約 24 小時。
- 數量約為 X 精子的 2 倍。
- 活動速度快。

金氏世界紀錄中最年長的高齡產婦是 66 歲！

目前，金氏世界紀錄中最年長的高齡產婦是 2006 年一位滿 66 歲又 358 天的西班牙女性(至2019年4月為止)。然而，2019年9月，印度南部有一名 70 多歲（有媒體報導是 73 歲，也有一說是 74 歲）女性生下了雙胞胎，高齡生產的她是透過體外受精懷孕，並進行剖腹產。如果這是事實，就會改寫世界紀錄，但可惜她的年齡沒有得到證實。

46 為什麼人的出生有性別之分呢？

這是為了更有效率地留下子孫、保存基因！

以阿米巴原蟲為例，這類沒有性別之分的生物是靠著**「分裂」**成兩個個體來繁殖。在這種情況下，上一代和下一代擁有的遺傳資訊完全相同，若是環境急遽變化，就有可能無法適應，使得所有阿米巴原蟲滅亡。

相較之下，**假如有男女（雌雄）之分的話，就有兩種不同的遺傳資訊互相混合，下一代即使是親手足，依舊各自擁有不同的遺傳資訊，即使環境發生各種變化，還是可能有個體存活下來，能夠留下子孫。**

既然要特地讓基因重組，為了增加存活機率，許多物種都會盡量尋找與自己不同的基因。

因此，就把擁有類似基因的一群個體分成雄性（男性）或雌性（女性），這樣就能夠很有效率地進行基因重組。

人類擁有46條（23對）染色體，視第23條為XY（男性）或XX（女性）來決定性別。女性的卵子只有「X染色體」，男性的精子則分別攜帶「X染色體」或「Y染色體」。下一代會從父親和母親身上各繼承一半的染色體，若染色體為「XX」就是女性，為「XY」的話就是男性。

也就是說，以人類而言，下一代會同時擁有雙親的基因，是全新體質的人類。

地球環境在漫長的歷史中大幅變化，如果所有個體的基因都相同，又無法適應地球環境的話，人類或許早就全部滅絕了。此外，男女的想法和體質都不一樣，我們無法否定，就是這樣的差異在維持社會從古至今的和諧，也帶動著社會進展。

為了留下子孫而有性別之分
若能生下基因不同的下一代，生存機率就越高

人類與阿米巴原蟲在繁殖上的差異

人類

雙親的遺傳資訊都能流傳下去，生下擁有全新基因組合的子孫。

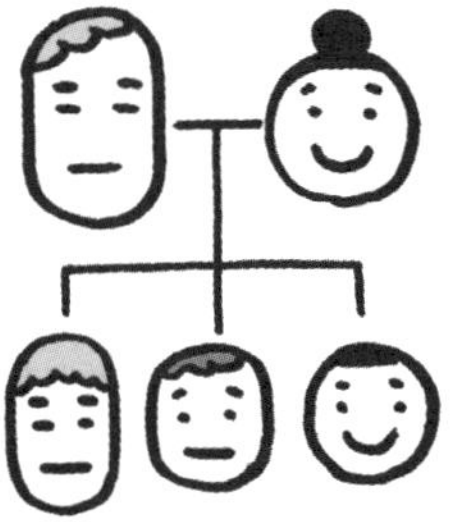

阿米巴原蟲

個體一分為二，這稱為「分裂」。分裂後，兩個個體擁有同樣的遺傳資訊。

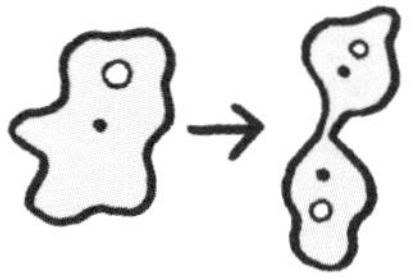

男女腦的差異是胼胝體（Corpus callosum）所造成的？

（關於這裡的「男性腦」與「女性腦」，各界有不同看法，也有個人差異。）

男女腦的差異在於胼胝體粗細不同

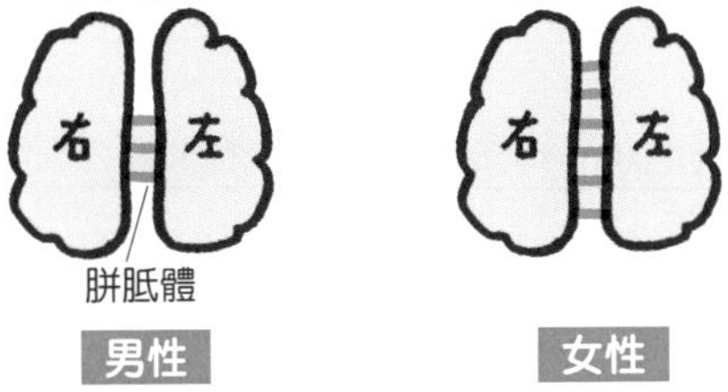

	男性	女性
能力	分析能力很發達	直覺靈敏
戀愛觀	重視外表；失戀後才慢慢感到後悔	重視內在；失戀後瞬間消沉，但要振作也很快
對話	目的是為了解決問題	尋求共鳴

「雌雄同體」的線蟲

線蟲（線形動物）是一種長約 1 公釐的小蟲，有雄性與雌雄同體兩個種類。雄性會製造精子並和雌雄同體的個體交尾，而雌雄同體的個體則會製造精子和卵子，在體內自行受精來留下子孫。線蟲的壽命雖然很短，但其壽命曲線和人類很相似，是個備受矚目的老化研究實驗對象。

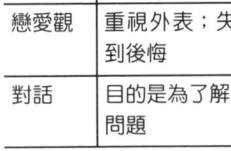

47 為什麼人類的嬰兒不是一出生就會走路呢？

因為比原本該出生的日子提早出生了！

有些動物和馬或牛一樣，在出生後1～2個小時就能站起來並學會走路，但也有動物無法一出生就能夠自己活動身體，需要父母保護，例如老鼠和兔子。

前者稱為「離巢性」動物，後者稱為「就巢性」動物。離巢性動物的懷孕期間較長，原則上1胎只生1隻，而許多就巢性動物的懷孕期間只有1個月左右那麼短，而且1胎會生很多隻小寶寶。

人類嬰兒雖然是靈長類，但同時具備離巢性和就巢性的特徵，這稱為**「二次就巢性」**。瑞士的生物學家波特曼（Adolf Portmann，1897～1982年）根據這種特徵，認為人類原本需要懷胎21個月才能在出生後馬上獨立，但實際上人類只懷胎10個月就生產，屬於**「生理性早產」**，因此無法剛出生就學會走路。

他認為，人類之所以會「生理性早產」，原因在於嬰兒與母親的身體構造。

第一個原因是人類的骨盆為了用雙腳直立步行而大幅變形，與用四隻腳步行的動物比起來，生產時產道比較不容易擴張。若嬰兒的身體在母體內發育得太大，就無法通過產道。

第二個原因是頭部大小。**人類的大腦非常發達，頭部體積大，若在母體內發育到和其他離巢性動物相同程度，在自然分娩中是無法通過產道的。**

人類藉由「生理性早產」提早一年出生，即使出生時非常弱小，但長大後卻能用雙腳步行，擁有又大又發達的頭部（腦），才能創造現在這種高度的文化。

嬰兒無法剛出生就學會走路是因為生理性早產！
必須在骨盆和頭的大小還能通過產道時生產

依小寶寶出生的狀態將動物分類

離巢性（在與父母一起移動的過程中長大）
- 懷孕期間較長。
- 原則上 1 胎生 1 隻。
- 出生後很快就會走路。
例如馬、猴子和大象。

就巢性（在父母照顧下長大）
- 懷孕期間較短。
- 1 胎生好幾隻。
- 小寶寶無法自己活動和進食。
例如老鼠、狗和貓。

人類嬰兒的特徵

- 懷孕期較長，1 胎生較少個（離巢性）。
- 剛出生時運動功能還不成熟，沒有父母照顧就活不下去（就巢性）。

離巢性＋就巢性

人類是「二次就巢性」

人類原本是離巢性動物，但因為要直立步行而使得產道縮小，再加上大腦和骨盆發育，因此必須在體型還能通過產道之前就生下來（生理性早產）。

痔瘡是人類特有的宿命！

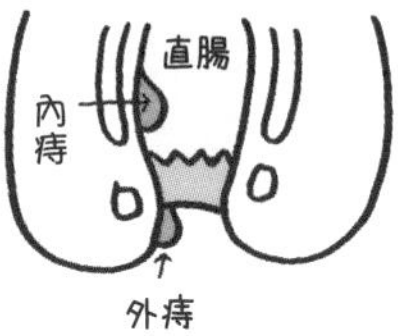

學會直立步行後，人類就和四隻腳的動物不一樣，屁股的位置低於心臟，所以很容易充血，使得直腸和肛門的血液循環不好，導致血管的一部分膨起，形成「痔瘡」。痔瘡每個人都有，它可以在肛門關閉時發揮緩衝的作用，但當這個部位變大就會很痛。據說痔瘡是每 3 個人當中就有 1 人罹患的隱性國民疾病，其他動物則與得痔瘡無緣。

48 人類的身體是由什麼組成的？

水分大約占了60%！

人體中占比最多的成分是「水分」，大約占了體重的三分之二，接著則是構成肌肉、內臟、血液、頭髮和皮膚的蛋白質、脂質、鈣和磷，以及微量的鋅、鐵、銅、鎂等重金屬。

構成肌肉和內臟的是小小的細胞，也就是生物的基本單位。**人類的身體大約集結了多達37兆個細胞，人體所含水分的三分之二就在細胞內。**細胞的形狀會因為它在身體的哪個部位發揮什麼作用而不同，據說全部約有２００～３００種。最小的細胞約為幾微米，最大的約有２００微米（０．２公釐），大小和形狀都不一。

不過，無論形狀和大小差異多大，細胞的基本構造都是一樣的。一個細胞由包覆整個細胞的「細胞膜」、膜中的「細胞質」與攜帶基因資訊的「細胞核」組成，此外還具有負責製造活動能量的粒線體（Mitochondrion）、負責製造蛋白質的核糖體（Ribosome），以及負責掌管細胞分裂的中心體（Centrosome）。

人類的身體從一個受精卵開始發育，接著不斷進行細胞分裂，「分化」（Differentiate）為肌肉、骨頭和心臟等功能不同的細胞。

胚細胞（Germ cell）在生成初期就具有能夠成為各種細胞的潛在能力，這種狀態稱為「未分化細胞」（Indifferent cell），**當它分化到某種程度時，具有相同功能的細胞就會集結起來，組成神經、肌肉和上皮等組織。**

長大成人之後，數目龐大的細胞們仍然每天都會進行新陳代謝，維護著我們的身體。

多達 37 兆個細胞集結起來構成組織！
「組織」就是集結在一起的相同功能細胞

人體有三分之二是水分！

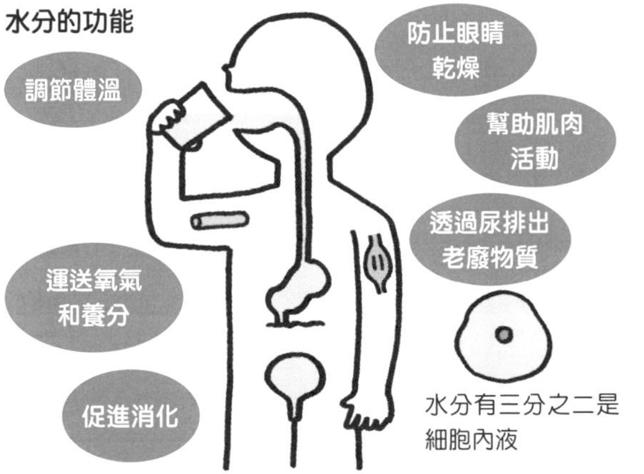

人體的成分

水分	大約 60%
蛋白質	大約 20%
脂質	大約 15%
鈣等無機質	大約　5%

人體由大約 37 兆個細胞構成

根據 2013 年發表的某篇論文，人體的細胞試算起來大約有 37 兆個。若把所有細胞排成一列，大約可以繞地球 9 圈。

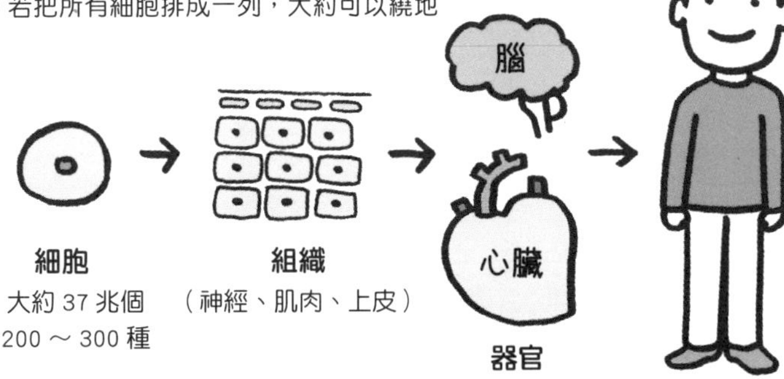

掌管 24 小時節奏的「生理時鐘」

我們人類日出而作、日落而息，以 24 小時的節奏過著生活，而這種節奏是生物活了幾億年，在進化過程中所獲得的，幾乎地球上的所有生物都有這種節奏。除了生殖細胞之外，全身每一個角落的細胞都內建了看不見的「生理時鐘」，會遵從視神經交叉核（Suprachiasmatic nuclei，SCN）的指令一起行動。

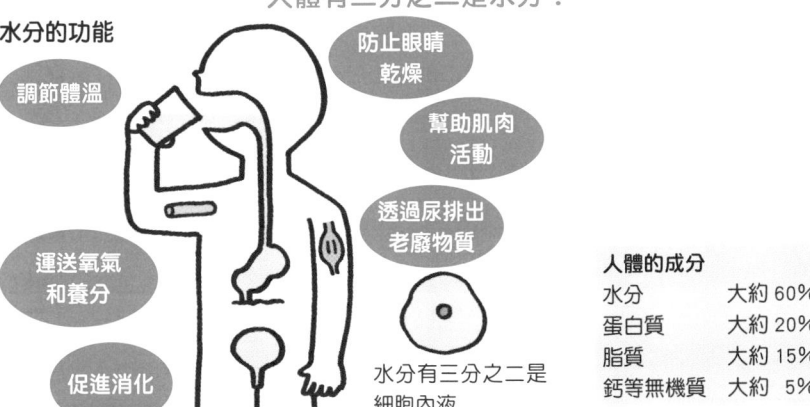

49 「細胞會自殺」是怎麼回事？

細胞有「壞死」和「凋亡」兩種死法！

每個身體部位的細胞壽命不盡相同，壽命最長的骨細胞大約能夠活10年，肌肉細胞可活6～12個月，皮膚細胞為20～30天，壽命最短的腸道上皮細胞則只有1天。

細胞的死亡大致分為兩種，**其中一種是不在計畫中的死亡，稱為「細胞壞死」（Necrosis），另一種則是計畫中的死亡，稱為「細胞凋亡」（Apoptosis）。**

「細胞壞死」是因為外傷、細菌感染或營養不良等因素而使得細胞膨脹、破裂，細胞內容物流出，引起發炎反應，屬於不在計畫中的死亡。

相較之下，「細胞凋亡」則是細胞按照死亡計畫收縮並分割，最後變成名叫「凋亡小體」的小塊狀，被巨噬細胞（一種白血球）吃掉，屬於**「自發性的死亡」**。在這種情況下，身體不會發炎，細胞也幾乎不會留下痕跡，有一部分變成新細胞的材料再利用。

細胞凋亡會發生在許多情況下，據說在脊椎動物神經系統的發育過程中，就有大約一半的神經細胞會凋亡而死。

舉例來說，胎兒手腳的指頭在生長過程中也會出現細胞凋亡的現象。手臂和腳的前端一開始長得像飯匙似的，但成長到一定程度時，手指縫一帶的細胞會凋亡，變成我們現在看到的形狀。

此外，當細胞照到強烈的紫外線，導致基因受損而無法修復時，皮膚細胞就會做出自殺的判斷，重生成全新的皮膚。像這樣，**劣化的細胞裡早已寫入「自殺」（凋亡）的程序指令，以免災情波及其他細胞。**

細胞死亡可分為自殺和他殺！
自殺是為了讓人活得更健康

人體每天都有大約 3000 億個細胞死亡，替換成新的細胞，這是個讓人類活得健康的重要功能。癌症就是細胞失去死亡功能所引起的。

細胞壞死和細胞凋亡

細胞壞死

細胞受到燒燙傷，或是照到放射線而受傷，就會膨脹並破裂，導致內容物流出，連正常的細胞都會受傷（壞死）。

細胞凋亡

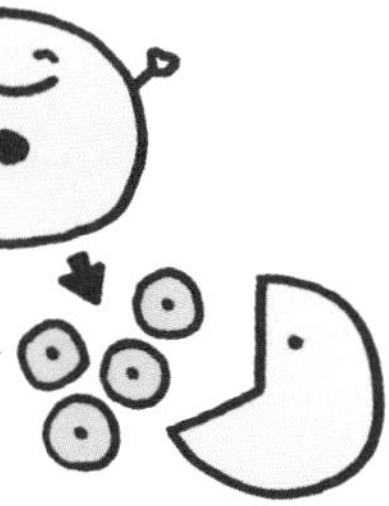

細胞凋亡是一種積極的自殺，目的是讓個體保持在更好的狀態。細胞會收縮，然後分裂成更小塊的「凋亡小體」，被巨噬細胞吃掉，其中一部分能夠重新再利用（細胞計畫性死亡）。

細胞凋亡的例子

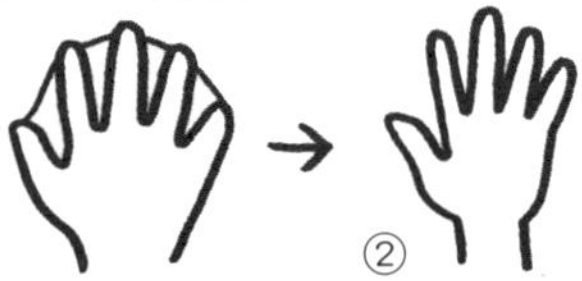

胎兒手掌的生長過程

① 胎兒經由細胞分裂長出手掌，手指之間長出像蹼似的細胞。
② 手指之間的細胞在「細胞凋亡」中死去，蹼隨之消失，出生後就形成可愛的嬰兒小手。

沒有氧氣也能活的多細胞生物所代表的意義

很久以前，人類就已經在地中海的海底堆積物當中發現一種大小不到 1 公釐、能在無氧環境下存活的多細胞小動物。只要解開這種生命體的構造，甚至有可能創造出不需要氧氣的細胞，能夠在宇宙中生活。此外，有人認為木衛二：「歐羅巴」（Europa）的地底可能有海洋，可以期待那裡也有同樣的生命體存在。

50 為什麼體脂肪這個「減肥強敵」很難降低？

只要增加「會瘦的脂肪細胞」即可！

體脂肪是減肥的強敵，除了女性之外，就連中高年男性也很在意。

脂肪細胞是指細胞質裡含有「脂肪滴」（Lipid droplets，LDS）的細胞，大致分為「白色脂肪細胞」與「棕色脂肪細胞」。

一般人認知中的體脂肪就是白色脂肪細胞，它分布在全身各個角落，以脂肪的形式儲存體內過多的能量，尤其以下腹部、內臟周圍、屁股、大腿、背部和上臂等部位最多。若屁股或大腿有許多脂肪，就稱為「皮下脂肪型肥胖」，若腹部內側累積許多脂肪，則稱為「內臟脂肪型肥胖」。

以女性來說，脂肪主要在孕期的最後3個月、喝奶粉長大的幼兒期與青春期這幾個時期增加，而且**脂肪細胞一旦增加之後就減不掉，所以在這幾個時期變胖的人很難瘦下來。**

相較之下，棕色脂肪細胞主要集中分布在脖子周圍、腋下、肩胛骨四周、心臟和腎臟周圍，它們能夠燃燒脂肪，將其變換成熱能，消耗掉較多卡路里。

也就是說，棕色脂肪細胞較多且較活躍的人能夠消耗許多熱能，所以比較容易瘦下來，但可惜棕色脂肪細胞的高峰期在幼年時期，而且會隨著成長而逐漸減少，但還是能夠透過寒冷刺激與交感神經刺激來活化它。除了在冬天時運動之外，我們還可以把手腳泡在冷水裡，藉此來活化「會瘦的脂肪細胞」，但要小心別讓身體著涼了。

近幾年，由白色脂肪細胞所延伸生成的「米色脂肪細胞」是備受矚目的「第三種脂肪細胞」，即使在成年之後，它依舊能和棕色脂肪細胞一樣發揮燃燒脂肪的功效，據說寒冷刺激能讓白色脂肪細胞變成米色脂肪細胞。

有種脂肪細胞能夠減掉脂肪！
增加第三種「米色脂肪細胞」，減掉體脂肪

各種類型的脂肪細胞

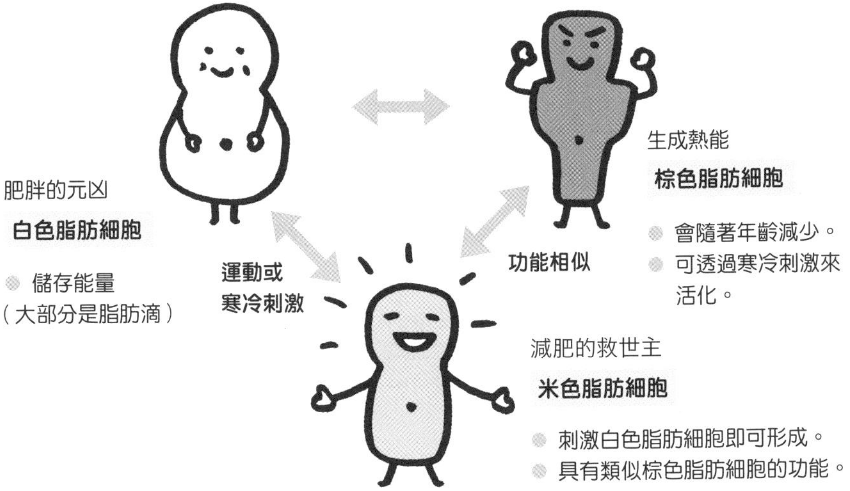

輪流洗冷、熱水澡來活化棕色和米色脂肪細胞

① **洗熱水澡來溫暖身體，獲得放鬆。**
② **沖冷水澡。**
③ **把步驟 ① 和 ② 輪流重複多次。**

＊也可以輪流用冰毛巾和熱毛巾蓋身體，但是要注意不能冷過頭。有高血壓、心臟病的人，以及身體發炎時和酒後不要做。

嬰兒體溫高是因為棕色脂肪細胞多

抱起嬰兒時，往往會覺得暖呼呼的。嬰幼兒的肌肉雖然還不發達，卻有著體溫比大人高的傾向，這是因為嬰兒會利用棕色脂肪細胞來讓體溫上升，藉此來取代抖動肌肉的生熱效果。棕色脂肪細胞在嬰兒時期達到巔峰，長大後就會減少一大半。

51 人類為什麼會得癌症？

原因是突變的癌細胞沒有自殺又失控！

據說，在日本，每兩個人中就有一個人會在生涯中罹患某種癌症，而罹癌的機率是男性62%，女性47%。

癌症是正常細胞的基因受損，發生突變而形成癌細胞的集合體。一般來說，突變的細胞會在**「抑癌基因」**（Tumor Suppressor Gene）的作用下踩煞車，但當某個基因突變時，這項功能就會變差，使得「致癌基因」（Oncogene）開始失控，細胞不死且持續分裂並增生。

據說我們體內每天大約有5000個癌細胞生成，其中絕大多數會被身體的免疫系統擊退，但當存活下來的癌細胞增生，就會形成癌症。

罹患癌症的原因分為「環境因素」和「遺傳因素」。

會提高罹癌風險的主要環境因素為抽菸、不良的飲食習慣、感染和飲酒過多。此外，生活壓力大導致活性氧增加與免疫力低落也是致癌的一大因素。

至於遺傳因素方面，大腸癌、前列腺癌、乳癌和卵巢癌等，有一部分和遺傳有關。

若家族中有人很年輕就得了癌症、多次罹癌，或是有好幾個人都罹患特定的癌症，就有可能會遺傳。

也有人認為癌症是一種老化現象，很難避免，但我們還是應該禁菸、少喝酒、飲食均衡、適度運動、取得良好品質的睡眠與改變生活習慣，努力打造不容易罹患癌症的身體。

癌症是癌細胞失控並突變所引起的！
日常生活中，抽菸和不良的飲食習慣都是誘發癌症的因素

癌細胞失控、分裂並增生

當正常的細胞受損，抑癌基因的功能就會變差，
使得異常細胞分裂並增生，進而變成癌細胞。

生活周遭主要的致癌物質與因素

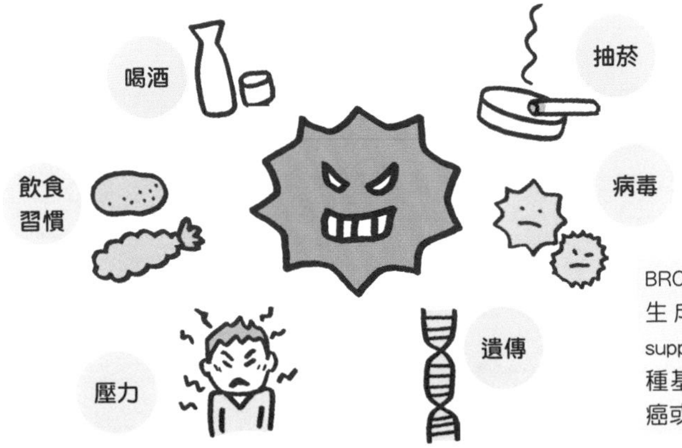

BRCA1 與 BRCA2 基因會生成「抑癌蛋白」(Tumor suppressor protein)，但當這種基因突變，罹患遺傳性乳癌或卵巢癌的機率會變高。

狗身上有著會傳染的癌症！

狗和人類一樣會得癌症，不過牠們身上有一種癌症會狗傳狗，當狗交配時，腫瘤的細胞會剝落，轉移到另一隻狗身上。這是已經絕種的西伯利亞犬遺留下來的傳染性腫瘤，至今在非洲、澳洲或美洲部分地區的近代犬身上仍有發現，但不會傳染給人。

52 為什麼有些親子檔長得很像，有些不像？

孩子會受遺傳影響，但不會直接繼承雙親的特徵

即使同樣是親子，有些親子檔長得像是同一個模子刻出來的，但也有些親子檔長得完全不像。人類的身高、膚色、髮色、體質和能力等個人特徵，取決於染色體上的約2萬個基因。

舉例來說，同卵雙胞胎擁有完全相同的基因，因此長相幾乎百分之百相同，但**親子之間無論長得有多像，由於有一半的基因來自雙親中的另一位，因此不會長得一模一樣**。

親子之間容易長得像的部位是眼睛、鼻子和顎骨（臉部輪廓）等三處，那些被人家說長得像的親子檔是因為這三個地方很像而影響了整體印象，所以才會長得像雙親其中之一。此外，**若孩子長得不像父親也不像母親，則可以視為祖父母的「隔代遺傳」**。

人類的染色體一組有23條，共有2組（46條），但這裡暫且以2組（4條）來計算，也就是上一代從祖父母身上繼承而來的2組（4條）。當父親製造出擁有1組（2條）染色體的精子，從祖父母繼承而來的染色體組合就有4種。但實際上人類的染色體是1套23條，算起來精子或卵子就會有2的23次方種，也就是838萬8608種。**這種像洗牌般隨機繼承祖父母基因的機制稱為「隨機重組」（Random assortment）**。此外，子女身上還會發生**「重組現象」（Recombination）**，出現父親和母親身上都沒有的染色體。

親子檔的基因不會一樣，有共通點也有不同之處，「很像但不一樣」就是親子的特點。

「龍生龍」和「烏鴉生鳳凰」都是正確的！
親子之間有共通點也有相異之處，很像但不一樣

同卵雙胞胎幾乎擁有 100%相同的遺傳資訊

親子的遺傳資訊

- 基因突變導致人們平均擁有 70 個雙親沒有的基因。
- 即使長得不像父母，卻很像祖父母，這是「隔代遺傳」。

遺傳資訊具有多樣性，即使是親子也有像或不像之分。

兒子像媽媽，女兒像爸爸？

- **兒子像媽媽的原因**

男孩子會繼承媽媽的遺傳資訊 X，所以像媽媽。

- **女兒像爸爸的原因**

女孩子擁有父親的 X 資訊，來自母親的 X 資訊較占下風，所以像爸爸。

和 Y 染色體比起來，性染色體中的 X 染色體攜帶了許多決定容貌與個性的資訊，和男女性格有很大的關聯。科學家曾在歐洲發現五種決定容貌的基因，但由於它們在性染色體以外的「體染色體」上也很常見，因此也有人持否定意見。

運動和改善飲食習慣對減重來說很重要。

基因也是肥胖的原因之一！

目前已知，包括 β 腎上腺素受體在內，共有 50 多種基因和基礎代謝與肥胖有關，但現階段也有人發現有個基因和能量代謝作用無關，而是和食慾有關。當這個基因的開關打開並傳訊給大腦，就可以抑制食慾。相反地，當開關關閉，人就會攝取過量食物，導致肥胖。

53 能夠延長壽命的「端粒酶」是什麼？

發現能夠延長「端粒」（生命回數票）的酵素！

我們人類仰賴細胞分裂來製造新細胞並維持生命，如果細胞永遠年輕健康的話，長生不老就不是夢，但遺憾的是細胞分裂的次數有限，而**掌握此關鍵的，就是位於染色體末端並負責保護染色體的「端粒」（Telomere）。**

細胞每分裂一次，端粒就會變短一些，超過某個限度時細胞就會老化，無法再進行細胞分裂，這稱為**「海富利克限度」（Hayflick limit）。以人類而言，一個細胞能夠分裂的次數約為50～60次，這個「生命回數票」到了120歲就會用完，人類的壽命也到達極限。**

但是，在發現名為**「端粒酶」（Telomerase）**的酵素之後，這項常識就被顛覆了。端粒酶在幹細胞、生殖細胞和癌細胞上都有，能夠延緩端粒變短的速度，甚至還能讓它變長。**特別是癌細胞，據說約有九成的癌細胞具有端粒酶，這也是它們反覆異常增生的原因之一。**

若能活化端粒酶，延長端粒的長度，就能得到更多的「生命回數票」，可望延長壽命，而端粒酶能夠透過飲食和運動來活化。

實際上，有一項實驗結果是，飲食低脂且多蔬果，一週做五次以上有氧運動，並善加釋放壓力的人在過著這種「健康生活」持續五年之後，他的端粒成長了10%，而什麼都沒做的人，端粒則是變短了3%。

然而，若隨便增加太多端粒酶也可能會有不好的副作用，必須注意。

生命的奧妙，能夠延緩老化的端粒
活化名叫「端粒酶」的酵素，延長壽命

掌握長壽關鍵的端粒

端粒是位於細胞染色體兩端的構造，負責保護染色體末端。

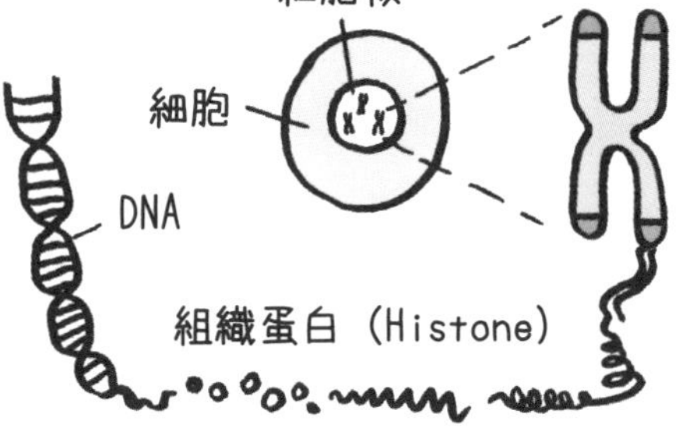

每次進行細胞分裂時，端粒就會變短，最後不再分裂，變成老化細胞。

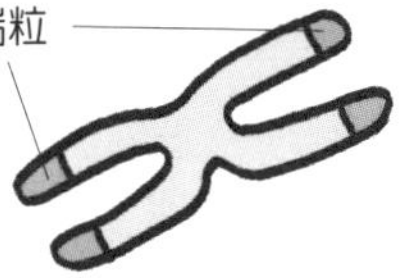

老化與端粒的關係

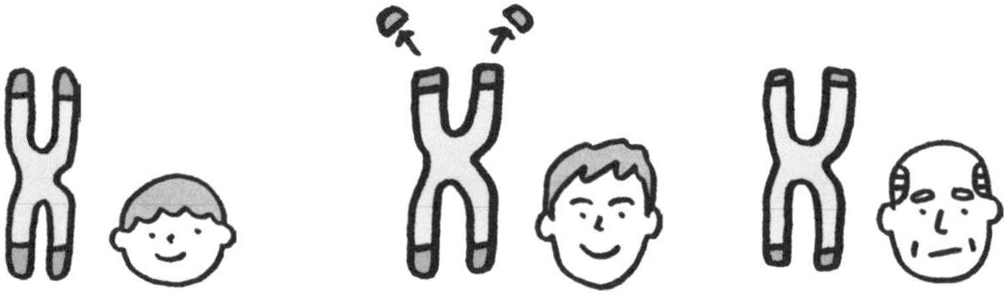

年輕細胞染色體的端粒很長。

隨著年紀增長和細胞分裂，到了 35 歲時長度只剩一半。

大約經過 50 ～ 60 次之後，細胞便停止分裂。

延長端粒長度的酵素「端粒酶」

- 改變飲食習慣和多運動，能夠活化端粒酶。
- 癌細胞透過活化端粒酶來無限分裂並增生。

待在外太空所引起的端粒變化

曾有同卵雙胞胎的其中一人是太空人，長期待在國際太空站（ISS），另一人則是留在地球。科學家研究這對雙胞胎的身體差異之後，發現太空人的端粒在停留於外太空期間明顯變長。然而，在他回到地球經過 48 小時後，端粒便開始縮短到原本的長度，甚至變得更短，但原因目前尚未解開。

54 為什麼女性比男性長壽呢？

環境因素和生理機制有巨大影響

根據2019年日本厚生勞動省[4]發表的報告，日本人的平均壽命是女性87.32歲，男性81.25歲，女性比男性長壽6歲。不僅日本如此，全世界都是女性比較長壽。在世界衛生組織（WHO）於2016年發表的世界平均壽命資料中，女性為74.2歲，男性為69.8歲。

關於男女平均壽命的差異有各種說法，包括「荷爾蒙論」（雌激素論）、「染色體論」、主張男女受到的社會壓力不同的「環境論」、「胸腺論」，以及主張女性為了照顧孫子而進化成在停經後也會繼續活著的「祖母假說」（grandmother hypothesis）。

「雌激素論」認為雌激素這種女性荷爾蒙能夠減少壞的膽固醇，藉此預防會導致腦中風或心臟病的動脈硬化，守護女性的健康。**男女的剩餘壽命之所以會隨著年齡增長而縮小差距，就是因為雌激素的分泌量會在停經後急遽減少。**染色體論則主張女性的XX染色體（性染色體）免疫功能比男性的XY染色體更高，有人認為這和小男孩的死亡率高於小女孩有關。

此外，**「胸腺」在免疫中具有重要的功能，而「胸腺論」則認為胸腺萎縮就是男性壽命較短的原因。**

胸腺位於比心臟稍高處，負責製造名叫「T淋巴球」（T細胞）的白血球。女性的胸腺會隨著老化慢慢萎縮，但男性的胸腺在10幾歲是巔峰期，過了20幾歲就會急速萎縮，到了40歲時只有巔峰期的50%，到了70幾歲就退化到10%。

也有人認為，胸腺內的抗氧化物質減少也有關係，使男性的免疫功能比較早變差，導致壽命較短。

譯註4：日本的厚生勞動省類似台灣的衛生福利部。

男女壽命的差異有各種因素
包括「女性荷爾蒙假說」與「環境假說」等眾多說法

男性

平均壽命 80.98 歲

健康壽命[5] 72.14 歲

容易罹患的疾病

胃癌、心肌梗塞、肺炎、尿道結石等

女性

平均壽命 87.14 歲

健康壽命 74.79 歲

容易罹患的疾病

骨質疏鬆症、阿茲海默症、關節疾病、甲狀腺功能異常等

（這裡的數據以 2016 年的健康壽命資料為準，與正文不同。）

女性比男性長壽的學說

● **雌激素論**

「雌激素」這種女性荷爾蒙能夠減少壞的膽固醇，防止動脈硬化。

● **性染色體論**

女性的性染色體免疫力較好。

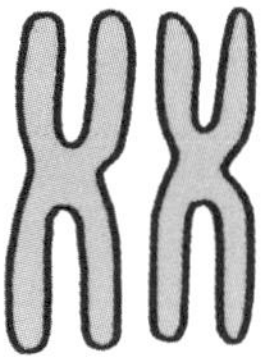

● **胸腺論**

男性的胸腺會隨著年齡增長而急速萎縮，免疫功能跟著降低。

● **環境論**

男性承受的壓力較大，即使身體不舒服，也少有機會看病。

使香港人位居全世界最長壽的藥膳湯

根據厚生勞動省發表的 2018 年簡易生命表，香港男性的平均壽命為 82.17 歲，女性為 87.56 歲，連續 4 年名列世界第一。香港人從前的平均壽命並沒有這麼長，但香港政府於 2000 年開始推動健康促進計畫，增加運動設施，並使「醫食同源」（靠飲食預防疾病）的觀念深植民心，尤其藥膳湯更是不可或缺的飲品。

譯註 5：「健康壽命」是指一個人在世時活得健康的歲數。

你知道基因、DNA、染色體和基因體的差別嗎？

在和遺傳有關的詞彙中，基因、DNA、染色體與基因體（Genome）很容易混淆，這節就來說明它們的不同。

首先，細胞核裡有從雙親身上分別繼承而來的 23 條染色體，合計共 46 條。染色體呈現棒狀，有「DNA」纏繞在名叫「組織蛋白」的蛋白質上面，通常在顯微鏡底下看不出來，但在細胞分裂時，染色體就會清楚顯現出條狀的樣子。

將染色體一條一條地拆開，呈雙股螺旋狀的 DNA 就出現了。DNA 是「去氧核糖核酸」（Deoxyribonucleic acid）的簡稱，是負責傳送基因的物質，由 4 種鹼基、糖（去氧核糖，Deoxyribose）與磷酸組成核苷酸（Nucleotide），連接在一起變成鎖鏈狀。鹼基的排列方式就是遺傳資訊，也稱「生命的設計圖」，「哪種鹼基按照什麼樣的順序排列」被寫在「基因」裡，位於 DNA 的雙股螺旋上。

如果把它們比喻成書籍的話，DNA 就是印了文字的紙張，基因是印在紙上的文章，染色體是一本書。若 23 冊一套的書有 2 套，放在書櫃上，則書櫃就是基因體。

監修協助

山村憲　醫學博士
慶應義塾大學醫學部百壽總合研究中心兼任講師
富永健司　醫學博士

日文版編輯 staff

封面 / 內文設計：大屋有紀子（VOX）
插圖：坂木浩子
撰稿：石森康子
編輯協助：石田昭二

參考文獻

面白いほどよくわかる人体のしくみ●山本真樹著／面白いほどよくわかる脳と心●山元大輔監修／図解人体のしくみと不思議●人体科学研究会編／人体の全解剖図鑑●水嶋章陽著／あなたの健康寿命はもっとのばせる●渡辺光博著（以上日本文芸社）カラダはすごい！●久坂部羊著／脳には妙なクセがある●池谷祐二（扶桑社新書）人体のふしぎな話●坂井建夫雄（ナツメ社）／漫画でよめる！NHK スペシャル人体～神秘の巨大ネットワーク～②● NHK スペシャル「人体」取材班原作（講談社）／眠りと夢のメカニズム●堀忠雄（ソフトバンククリエイティブ）／からだのびっくり事典●奈良信雄監修（ポプラ社）／面白くて眠れない人体●坂井建雄（PHP）あの医学都市伝説ってホントなの？●森田豊（青山出版社）／日経 Gooday（日本経済新聞社）

國家圖書館出版品預行編目資料

不可思議的人體：讓醫學博士告訴你正確的人體知識與奧妙神奇之謎 / 荻野剛志監修；伊之文譯. -- 初版. -- 臺中市：晨星出版有限公司，2021.09
面；公分. -- (勁草生活；482)

譯自：眠れなくなるほど面白い 図解 人体の不思議

ISBN 978-626-7009-39-0 (平裝)

1. 人體學 2. 通俗作品

397　　110010923

勁草生活 482

不可思議的人體

讓醫學博士告訴你正確的人體知識與奧妙神奇之謎

眠れなくなるほど面白い 図解 人体の不思議

監修者　荻野剛志
譯者　伊之文
編輯　王韻絜
校對　陳品蓉、伊之文、王韻絜
封面設計　戴佳琪
內頁排版　陳柔含

創辦人　陳銘民
發行所　晨星出版有限公司
台中市 407 工業區 30 路 1 號
TEL：(04)23595820
FAX：(04)23550581
http://star.morningstar.com.tw
行政院新聞局局版台業字第 2500 號
法律顧問　陳思成 律師
初版　西元 2021 年 09 月 15 日 初版 1 刷

歡迎掃描 QR CODE
填線上回函

讀者服務專線　TEL 02 23672044 / 04 23595819#230
讀者傳真專線　FAX 02 23635741 / 04 23595493
讀者專用信箱　service @morningstar.com.tw
網路書店　網路書店 http://www.morningstar.com.tw
郵政劃撥　15060393（知己圖書股份有限公司）

印刷　上好印刷股份有限公司

定價 350 元

ISBN 978-626-7009-39-0